工业机器人
虚拟仿真技术
（ABB）

主编 ◎ 章小红　高霞

华中科技大学出版社
http://www.hustp.com
中国·武汉

内 容 简 介

本书以一个项目为主线,项目所用平台是以全国职业院校技能大赛工业机器人技术应用赛项比赛平台为基础,在 RobotStudio 6.04 虚拟软件中搭建的一个虚拟仿真平台。本书共 6 个任务,内容包括任务 1 RobotStudio 概述、任务 2 创建零件搬运轨迹路径、任务 3 创建"伸缩气缸"机械装置及工具、任务 4 工业机器人离线轨迹编程、任务 5 基于事件管理器的"气缸"往复运动及搬运任务实现、任务 6 基于 Smart 组件的产线及搬运任务实现。

本书适合作为高等职业院校工业机器人技术专业以及装备制造类、自动化类相关专业的教材,也可作为工程技术人员的参考资料和培训用书。

图书在版编目(CIP)数据

工业机器人虚拟仿真技术:ABB/章小红,高霞主编.—武汉:华中科技大学出版社,2022.6
ISBN 978-7-5680-8316-4

Ⅰ.①工… Ⅱ.①章… ②高… Ⅲ.①工业机器人-计算机仿真-高等学校-教材 Ⅳ.①TP242.2

中国版本图书馆 CIP 数据核字(2022)第 088323 号

工业机器人虚拟仿真技术(ABB) 章小红 高 霞 主编
Gongye Jiqiren Xuni Fangzhen Jishu(ABB)

策划编辑:袁 冲
责任编辑:史永霞
责任监印:朱 玢
出版发行:华中科技大学出版社(中国·武汉) 电话:(027)81321913
       武汉市东湖新技术开发区华工科技园 邮编:430223
录 排:武汉创易图文工作室
印 刷:武汉市籍缘印刷厂
开 本:787mm×1092mm 1/16
印 张:16
字 数:430 千字
版 次:2022 年 6 月第 1 版第 1 次印刷
定 价:49.00 元

前言

　　ABB 工业机器人的 IRB 系列工业机器人功能强大,应用范围广泛,拥有非常高的市场占有率;此外,ABB 配套的离线编程仿真软件 RobotStudio 易操作、上手快,能够轻松实现工业机器人虚拟仿真和离线编程,特别适合初学者。因此,本书使用 ABB RobotStudio 6.04 软件版本,介绍工业机器人虚拟仿真的基本方法。

　　本书以全国职业院校技能大赛工业机器人技术应用赛项样题所用的设备平台为基础,搭建了一套包含输送链、工业机器人和装配线的虚拟仿真平台,所参考的实物平台是江苏汇博机器人技术股份有限公司(对本书项目开发给予了大力支持)提供的全国职业院校技能大赛工业机器人技术应用赛项比赛平台。本书任务 2、任务 3、任务 5、任务 6 都使用这个平台来实现,而且任务由浅入深,最后完成一个完整的产线、搬运以及装配任务。另外,在此平台上还可以做很多拓展训练,可以灵活设置任务,让学习者自主完成。文中所用到的工作站可扫描二维码获取。

　　根据当前高职院校的教学需要,以及 RobotStudio 软件的功能,本书安排了 6 个任务。内容包括:任务 1　RobotStudio 概述、任务 2　创建零件搬运轨迹路径、任务 3　创建"伸缩气缸"机械装置及工具、任务 4　工业机器人离线轨迹编程、任务 5　基于事件管理器的"气缸"往复运动及搬运任务实现、任务 6　基于 Smart 组件的产线及搬运任务实现。

　　任务 1 主要介绍 RobotStudio 软件的特点、安装方法等;任务 2 介绍 RobotStudio 软件的界面及每一个功能选项卡的功能,最后在虚拟仿真平台上实现零件的搬运路径;任务 3 介绍 RobotStudio 软件的建模功能,最后讲解机械装置和工具的创建方法;任务 4 介绍自动生成轨迹路径的方法,同时学习如何修改目标点位置和姿态,以及如何编辑指令等;任务 5 介绍了事件管理器的功能,用事件管理器来实现工具附加和提取对象的动作以及周边机械装置的动作;任务 6 介绍 Smart 组件的功能,主要学习用 Smart 组件实现动态输送链、动态工具、动态气缸等功能。本书内容主要实现了产品对象从输送链起始端开始运行,到输送链末端停止运行,然后由机器人将对象搬运到装配线备件库位,再从备件库位搬运到装配位,接着进行气缸二次定位,最后进行装配。

　　书中内容简明扼要、图文并茂、通俗易懂,适合作为高等职业院校工业机器人技术专业以及装备制造类、自动化类相关专业的教材,也可作为工程技术人员的参考资料和培训用书。教师对每个工作任务基本知识的讲解和基本操作的演示,可让学生掌握相应的基本概念和基本操作,学生再自主完成任务,基础较好的学生可以实现拓展训练任务。

目录

任务1　RobotStudio 概述

进入21世纪,工业机器人已经成为现代工业不可缺少的工具,它标志着工业的现代化程度。工业机器人广泛应用于焊接、装配、搬运、喷涂及打磨等领域,任务的复杂程度不断增加,而用户对产品的质量、效率的要求越来越高,故工业机器人的编程方式、编程效率和质量显得越来越重要。通常,工业机器人编程方式可以分为示教再现编程和离线编程两种方式。

但是示教再现编程在实际生产应用中存在一些技术问题:

(1)工业机器人的在线示教编程过程烦琐、效率低;

(2)示教的精度完全靠示教者的经验目测决定,对于复杂路径难以取得令人满意的示教结果;

(3)对于一些需要根据外部信息进行实时决策的应用无能为力等。

而离线编程系统可以简化工业机器人编程进程,提高编程效率,是实现系统集成的必要的软件支撑系统。与示教编程相比,离线编程系统具有如下优点:

(1)减少工业机器人停机的时间,当对下一个任务进行编程时,工业机器人仍然可以在生产线上工作;

(2)可以使编程者远离危险的工作环境,改善编程环境;

(3)离线编程系统使用范围广,可以对各种工业机器人进行编程,并能方便地实现优化编程;

(4)便于和主流 CAD/CAM 系统结合,实现 CAD/CAM/ROBOTICS 一体化;

(5)可以使用高级计算机编程语言对复杂任务进行编程;

(6)便于修改工业机器人程序等。

目前,市场上存在多款离线编程软件,可以按照不同标准分类。

按国内与国外分类,可以分为以下两大阵营:

国内:RobotArt。

国外:Robotmaster、RobotWorks、RobotMove、RobotCAD、DELMIA、RobotStudio 等。

按通用离线编程与厂家专用离线编程,又可以分为以下两大阵营:

通用:RobotArt、Robotmaster、RobotMove、RobotCAD、DELMIA。

厂家专用:RobotStudio、KUKA. Sim。

本书基于 RobotStudio,从工业机器人应用实际出发,再结合高职院校职业技能大赛,由易到难展现工业机器人离线编程技术的应用。

任务 1-1　ABB RobotStudio 软件介绍

任务 1-1-1　RobotStudio 软件简介

RobotStudio 软件是 ABB 公司专门开发的工业机器人离线编程与仿真的计算机应用程序，主要用于机器人单元的建模、离线创建及仿真。RobotStudio 允许使用离线控制器，即在 PC 上本地运行虚拟 IRC5 控制器，这种离线控制器也被称为虚拟控制器（VC），RobotStudio 也允许使用真实的 IRC5 控制器。当 RobotStudio 随真实控制器一起使用时，称其为在线模式；当未连接到真实控制器或连接到虚拟控制器时，称 RobotStudio 处于离线模式。

任务 1-1-2　RobotStudio 软件功能

在 RobotStudio 中可以实现以下主要功能：

（1）CAD 导入。RobotStudio 可方便地以各种主流的 CAD 格式导入数据，包括 IGES、STEP、VRML、VDAFS、ACIS 和 CATIA 等。通过使用此类非常精确的 3D 模型数据，机器人程序设计员可以生成更为精确的机器人程序，从而提高产品质量。

（2）自动路径生成。这是 RobotStudio 最节省时间的功能之一。通过使用待加工部件的 CAD 模型，可在短短几分钟内自动生成跟踪曲线所需的机器人路径。如果人工执行此项任务，可能需要数小时甚至数天。

（3）自动分析伸展能力。此便捷功能可让操作者灵活移动机器人或工件，直至所有位置，在数分钟内便可完成工作单元布局的验证和优化。

（4）碰撞检测。在 RobotStudio 中，可以对机器人在运动过程中是否可能与周边设备发生碰撞进行验证，以确保机器人及周边设备的安全性。

（5）在线作业。可以使用 RobotStudio 与真实的机器人进行连接通信，对机器人进行便捷的监控、程序修改、参数设定、文件传送及备份恢复的操作，使调试与维护工作更轻松。

（6）模拟仿真。根据设计，在 RobotStudio 中进行工业机器人工作站的动作模拟仿真以及周期节拍，为工程的实施提供真实的验证。

（7）应用功能包。针对不同的应用推出功能强大的工艺功能包，将机器人更好地与工艺应用进行有效的融合。

（8）二次开发。提供功能强大的二次开发平台，使机器人应用实现更多的可能，满足机器人的科研需要。

任务 1-2　RobotStudio 软件获取及安装

任务 1-2-1　RobotStudio 软件获取

可以通过如下两种途径获取 RobotStudio 软件：

(1)购买 ABB 工业机器人，会有随机光盘。

(2)登录 ABB 公司网站下载。

https://new.abb.com/products/robotics/robotstudio

任务 1-2-2　RobotStudio 软件安装

为保证 RobotStudio 能够正确地安装，注意：

(1)计算机系统配置建议如表 1-2-1 所示：

表 1-2-1　计算机系统配置建议

配　　置	要　　求
CPU	i5 或以上
内存	2GB 或以上
硬盘	空闲 20GB 以上
操作系统	Windows 7 或以上

(2)操作系统中的防火墙可能会造成 RobotStudio 软件的不正常运行，如无法连接虚拟控制器等问题，故建议安装前关闭防火墙或对防火墙的参数进行恰当的设定。

下面以 RobotStudio 6.04 版本的安装为例，介绍 RobotStudio 软件的安装步骤。

(1)解压 RobotStudio 6.04.01.ZIP 文件。

(2)双击运行"setup.exe"文件。

(3)在弹出的对话框中单击"下一步"，如图 1-2-1 所示。

图 1-2-1　RobotStudio 软件安装

(4)在弹出页面继续单击"下一步",则默认安装到 C 盘,如图 1-2-2 所示;也可更改安装路径,单击"更改"按钮,选择安装目录。(注意:安装目录最好不要含中文。)

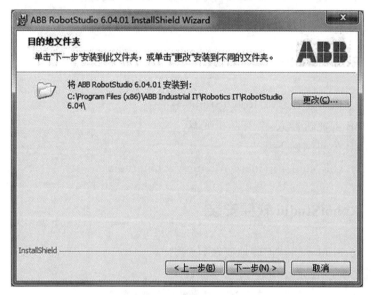

图 1-2-2　选择安装目录

(5)默认"完整安装",单击"下一步",等待安装完成,如图 1-2-3 所示。

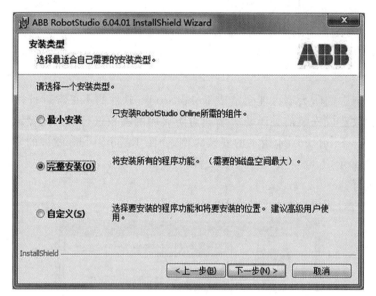

图 1-2-3　完整安装

任务 1-2-3　RobotStudio 软件激活

在第一次正确安装 RobotStudio 以后,软件提供 30 天的全功能高级版免费试用。30 天以后如果还未进行授权操作,则只能使用基本版的功能。

RobotStudio 分为以下两种功能级别：

基本版：提供所选的 RobotStudio 功能，如配置、编程和运行虚拟控制器；还可以通过以太网对实际控制器进行编程、配置和监控等在线操作。

高级版：提供完整的 RobotStudio 功能，可实现离线编程和多机器人仿真。

软件激活步骤：

(1)在"文件"选项卡下，单击"选项"按钮，如图 1-2-4 所示。

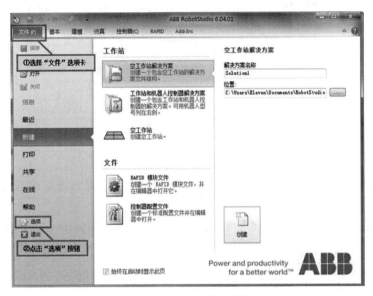

图 1-2-4 单击"选项"按钮

(2)在弹出的"选项"对话框中，选择左侧窗格中的"授权"选项，在右侧窗格中，选择"激活向导"，如图 1-2-5 所示。

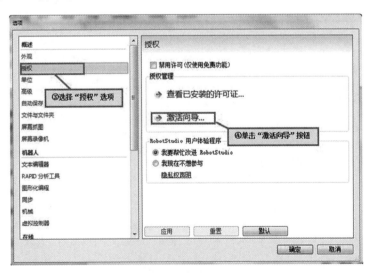

图 1-2-5 激活向导

(3)在弹出的对话框中，根据授权许可类型，选择"单机许可证"或"网络许可证"，单击"下一个"按钮，根据提示完成激活，如图 1-2-6 所示。

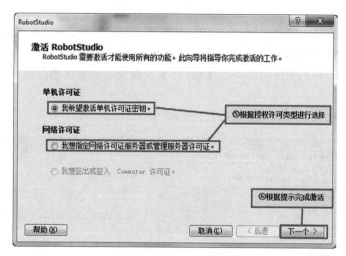

图 1-2-6　授权许可类型

为保证 RobotStudio 能够正确授权,注意:

(1)在激活之前,请将电脑连接互联网,RobotStudio 可以通过互联网进行激活,操作会便捷很多。

(2)在授权激活后,如果电脑系统出现问题并重新安装 RobotStudio 的话,将会造成授权失效。

任务 2　　创建零件搬运轨迹路径

任务 2-1　RobotStudio 6.04 软件基本功能介绍

RobotStudio 软件是 ABB 公司推出的工业机器人离线编程软件。本书所用的软件版本为 RobotStudio 6.04 版本,本书给出的工作站需用 6.04 及以上版本打开或运行。RobotStudio 6.04 主界面如图 2-1-1 所示。

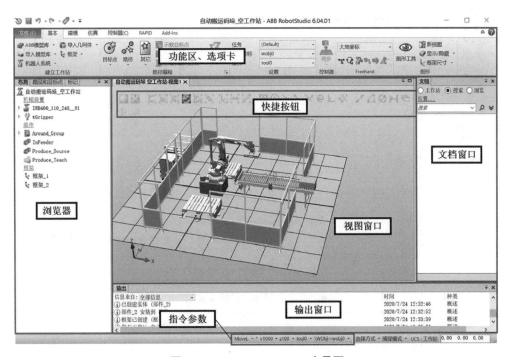

图 2-1-1　RobotStudio 6.04 主界面

任务 2-1-1　选项卡

RobotStudio 6.04 选项卡包含 7 项,如图 2-1-2 所示。

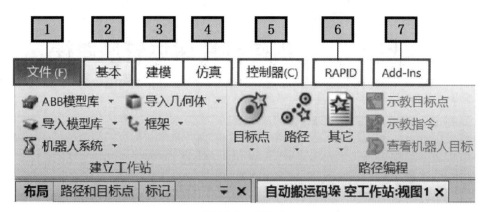

图 2-1-2 选项卡

1."文件"选项卡

"文件"选项卡包含保存工作站、打开、关闭工作站、新建、共享、选项等功能，如图 2-1-3 所示。其描述如表 2-1-1 所示。

图 2-1-3 "文件"选项卡

表 2-1-1 "文件"选项卡描述

选 项 卡	描 述
保存工作站/保存工作站为	保存工作站
打开	打开保存的工作站。在打开或保存工作站时，选择加载几何体选项，否则几何体会被永久删除
关闭工作站	关闭工作站
信息	在 RobotStudio 中打开某个工作站后，此选项卡将显示该工作站的属性，以及作为打开的工作站的一部分的机器人系统和库文件

续表

选　项　卡	描　　述
最近	显示最近访问的工作站
新建	创建新工作站。如图 2-1-4 所示,选择工作站类型,单击"创建",即可创建新工作站
打印	打印活动窗口中的内容
共享	与其他人共享数据,如图 2-1-5 所示
在线	连接到控制器。 导入和导出控制器。 创建并运行机器人系统
帮助	有关 RobotStudio 安装和许可授权的信息
选项	可设置外观、单位、自动保存位置、仿真录像机以及语言选择等,如图 2-1-6 所示
退出	关闭 RobotStudio

图 2-1-4　"新建"功能

2."基本"选项卡

"基本"选项卡包含建立工作站、路径编程、设置、控制器、Freehand 和图形,共 6 项功能。左侧有"布局"浏览器、"路径和目标点"浏览器和"标记"浏览器,如图 2-1-7 所示。

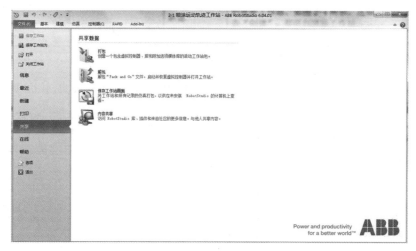

图 2-1-5 "共享"功能

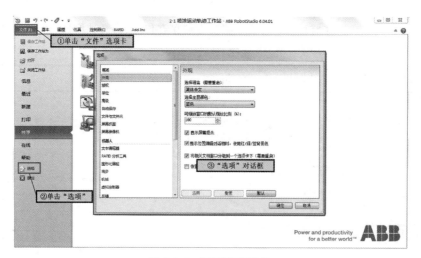

图 2-1-6 "选项"选项卡

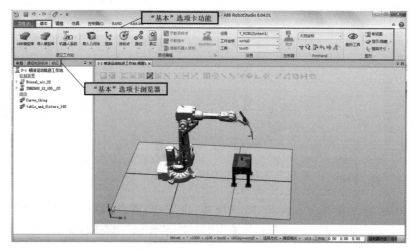

图 2-1-7 "基本"选项卡

"基本"选项卡描述如表 2-1-2 所示。

表 2-1-2　"基本"选项卡描述

选　项　卡	描　　述
ABB 模型库	单击该按钮,可以从相应的列表中选择所需的机器人、变位机和导轨,如图 2-1-8 所示
导入模型库	单击该按钮,可以导入设备、几何体、变位机、机器人、工具以及其他物体到工作站库内,如图 2-1-9 所示。其中:"用户库"是用户自行创建的库文件保存到默认文件夹中的库文件;"设备"是默认的控制柜、输送链、工具等,可直接导入使用;"浏览库文件"可将用户自行创建的工具、设备、机器人等库文件,从其他地址导入使用
机器人系统	单击该按钮,可以选择"从布局"即根据布局创建系统,或"新建系统"即创建新系统并加入工作站,或"已有系统"即添加现有系统到工作站,如图 2-1-10 所示
导入几何体	单击该按钮,可选择"用户几何体"和"浏览几何体"将用户自行创建的几何体导入工作站中使用,如图 2-1-11 所示
框架	单击该按钮,有两种方式创建框架,"创建框架"(即对已有坐标系进行修改位置和方向创建框架)和"三点创建框架"(即通过 X 方向两点和 Y 方向一点创建框架),如图 2-1-12 所示
目标点	单击该按钮,可创建机器人目标点
路径	单击该按钮,可创建"空路径"和"自动路径"
其它	单击该按钮,可以"创建工件坐标系""创建工具数据"和"创建逻辑指令"
……	

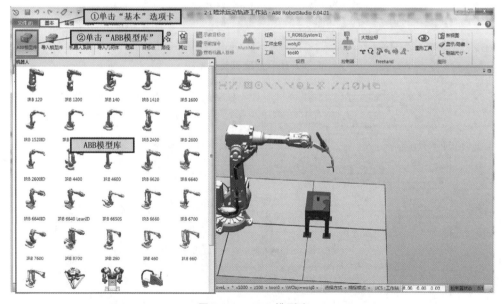

图 2-1-8　ABB 模型库

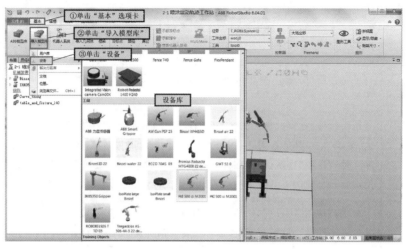

图 2-1-9　导入模型库

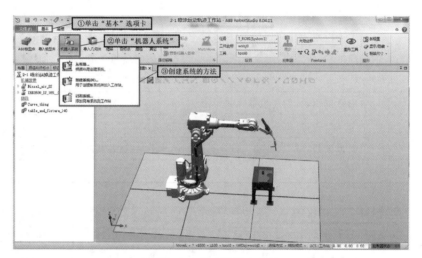

图 2-1-10　创建机器人系统

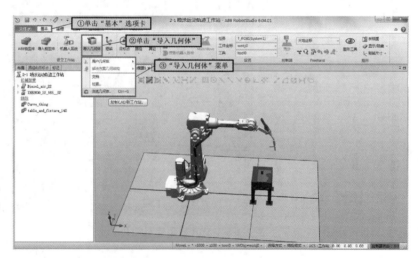

图 2-1-11　导入几何体

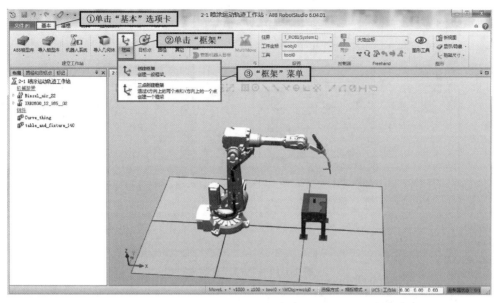

图 2-1-12　创建框架

3."建模"选项卡

"建模"选项卡主要用于创建及分组组件,创建部件,测量及进行与 CAD 相关的操作,包括"创建""CAD 操作""测量""Freehand"和"机械"选项组,如图 2-1-13 所示。

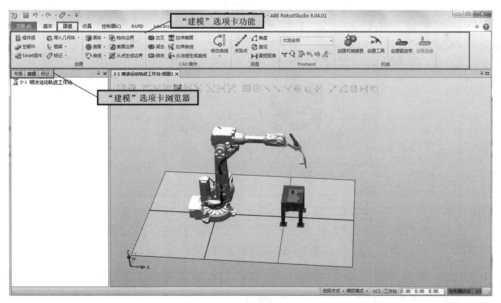

图 2-1-13　"建模"选项卡

4."仿真"选项卡

"仿真"选项卡主要包括"碰撞监控""配置""仿真控制""监控""信号分析器""录制短片"选项组,如图 2-1-14 所示。

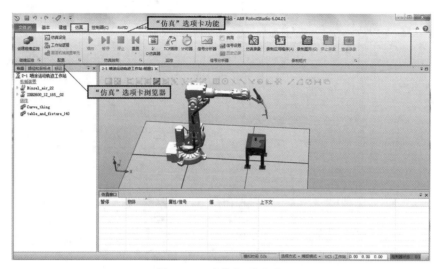

图 2-1-14　"仿真"选项卡

5."控制器"选项卡

"控制器"选项卡包含用于管理真实控制器的控制措施，以及用于虚拟控制器的同步、配置和分配给它的任务的控制措施，包括"进入""控制器工具""配置""虚拟控制器"和"传送"选项组，如图 2-1-15 所示。

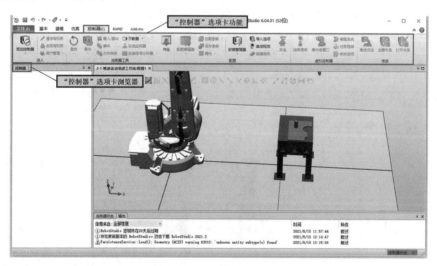

图 2-1-15　"控制器"选项卡

RobotStudio 允许使用离线控制器，即在 PC 上本地运行的虚拟 IRC5 控制器。这种离线控制器也被称为虚拟控制器（VC）。RobotStudio 还允许使用真实的物理 IRC5 控制器（简称为"真实控制器"）。

"控制器"选项卡上的功能可以分为以下类别：

（1）用于虚拟和真实控制器的功能；

（2）用于真实控制器的功能；

（3）用于虚拟控制器的功能。

若要连接到真实控制器,请在"控制器"选项卡上,单击"添加控制器"下面的箭头,然后根据需要单击下列命令之一:

(1)一键连接:连接控制器服务端口。

(2)添加控制器:添加网络上可用的控制器。

(3)从设备列表添加控制器:添加一个已有的控制器。

(4)启动虚拟控制器:通过启动虚拟控制器命令,可以使用给定的系统路径启动和停止虚拟控制器,而不需要工作站。

下列情况下必须"重启"控制器:

(1)更改了隶属于相关控制器的任何机器人的基座。

(2)使用配置编辑器或通过载入新的配置文件更改了机器人配置。

(3)在系统中添加了新选项或新硬件。

(4)发生系统故障。

"重启"控制器功能:

(1)重启动(热启动):重启控制器并使对系统所做修改生效。

(2)重置系统(I 启动):重启控制器后使用当前系统,并恢复默认设置。这种重启会丢弃对机器人配置所做的更改。当前系统将被恢复到将它安装到控制器上时它所处的状态(空系统)。这种重启会删除所有 RAPID 程序、数据和添加到系统的自定义配置。

(3)重置 RAPID(P 启动):用当前系统重启控制器,然后重新安装 RAPID。这种重启将删除所有 RAPID 程序模块。当对系统进行更改并导致程序不再有效,比如程序使用的系统参数被更改时,这种重启将非常有用。

6."RAPID"选项卡

"RAPID"选项卡提供了用于创建、编辑和管理 RAPID 程序的工具和功能。它可以管理真实控制器上的在线 RAPID 程序、虚拟控制器上的离线 RAPID 程序或者不隶属于某个系统的单机程序,如图 2-1-16 所示。

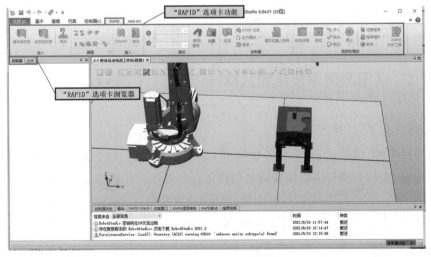

图 2-1-16　"RAPID"选项卡

7. "Add-ins"选项卡

"Add-ins"选项卡包括"社区""RobotWare"和"齿轮箱热量预测",如图 2-1-17 所示。

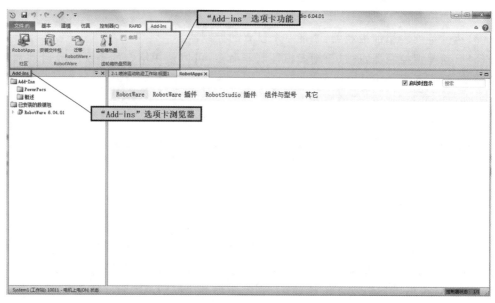

图 2-1-17 "Add-ins"选项卡

迁移备份功能：

若要将机器人系统从 RobotWare 5 迁移到 RobotWare 6,需要使用"Add-ins"选项卡的迁移备份功能。在"Add-ins"选项卡单击"迁移 RobotWare",在展开列表中选择"迁移备份或文件夹"。

如果希望从 RobotWare 5.15 或更低版本升级,则必须联系 ABB 公司将控制器主计算机更换为 DSQC 1000 并获取 RobotWare 6 许可。

齿轮箱热量功能：

齿轮箱热量预测工具是 RobotStudio 的插件,可帮助预测齿轮箱中的高温故障。温度超过预定义的值时,可调节循环以降低温度或订购可冷却齿轮的风扇。

任务 2-1-2　视图区常用按钮和鼠标操作

1. 视图区常用按钮介绍

在视图区上方,RobotStudio 软件提供了一些常用的按钮,如能够准确捕捉对象特征的捕捉模式按钮、能够对模型进行快速测量的按钮等。各个常用按钮说明如表 2-1-3 所示。

表 2-1-3　视图区按钮说明

序　号	图片示例	按钮名称	说　　明
1		查看全部	查看工作组中所有对象
2		查看中心	用于设置旋转视图的中心点

续表

序 号	图片示例	按 钮 名 称	说 明
3		选择曲线	选择曲线
4		选择表面	选择表面
5		选择物体	选择物体
6		选择部件	选择部件
7		选择机械装置	选择机械装置
8		选择组	选择组
9		选择目标点/框架	选择目标点或框架
10		移动指令选择	移动指令级别的选择
11		路径选择	选择路径
12		捕捉对象	捕捉中心、中点和末端
13		捕捉中心	捕捉中心点
14		捕捉中点	捕捉中点
15		捕捉末端	捕捉末端或角位
16		捕捉边缘	捕捉边缘点
17		捕捉重心	捕捉重心
18		捕捉本地原点	捕捉对象的本地原点
19		捕捉网格	捕捉 UCS 的网格点
20		点到点	测量两点之间的距离
21		角度	测量两条直线的相交角度
22		直径	测量圆的直径
23		最短距离	测量视图中两个对象的直线距离
24		保持测量	对之前的测量结果进行保存
25		播放	用于启动仿真
26		停止	停止仿真和复位

2.鼠标导航图形窗口操作

表 2-1-4 介绍了如何使用鼠标导航图形窗口操作。

表 2-1-4　使用鼠标导航图形窗口

功　能	使用键盘/鼠标组合	描　述
选择项目	🖱	仅需单击所要选择项目即可,若选择多个项目,按 Ctrl 键同时单击项目
旋转工作站	Ctrl＋Shift＋🖱	按 Ctrl＋Shift＋鼠标左键,拖动鼠标对工作站进行旋转
平移工作站	Ctrl＋🖱	按 Ctrl＋鼠标左键,拖动鼠标对工作站进行平移
缩放工作站	Ctrl＋🖱	按 Ctrl＋鼠标右键,将鼠标拖至左侧可以缩小,将鼠标拖至右侧可以放大
使用窗口缩放	Shift＋🖱	按 Shift＋鼠标右键,将鼠标拖过要放大的区域
使用窗口选择	Shift＋🖱	按 Shift＋鼠标左键,将鼠标拖过该区域,以便选择与当前选择层级匹配的所有项目

任务 2-2　创建工业机器人工作站

任务 2-2-1　RobotStudio 6.04 默认界面的恢复

当遇到误操作而关闭软件默认布局或窗口时,则无法找到对应的操作对象和查看相关的信息,可通过恢复默认布局和恢复窗口方式回到默认布局,如图 2-2-1 和图 2-2-2 所示。

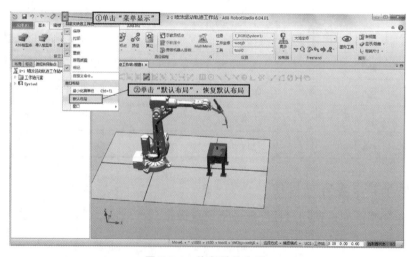

图 2-2-1　恢复默认布局

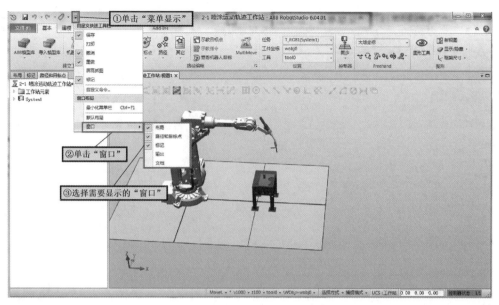

图 2-2-2　选择需要恢复的窗口

任务 2-2-2　机器人的选择和导入

在 RobotStudio 6.04 版本中，可以导入 ABB 模型库中的机器人及相关设备。

1. 创建"空工作站"

创建"空工作站"，并保存为"导入模型"工作站，如图 2-2-3～图 2-2-5 所示。

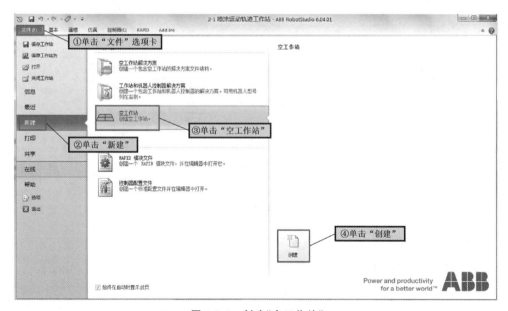

图 2-2-3　创建"空工作站"

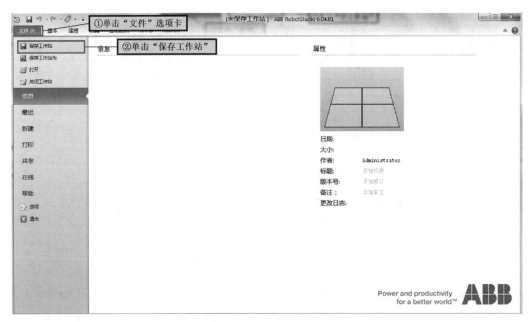

图 2-2-4　保存工作站

图 2-2-5　输入工作站名称

2.导入机器人模型

导入"ABB模型库"中的机器人，如图 2-2-6～图 2-2-8 所示。

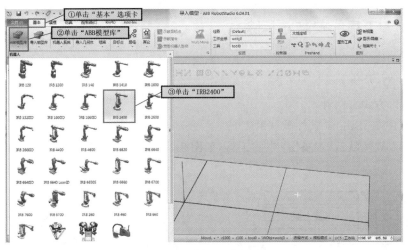

图 2-2-6　选择机器人型号

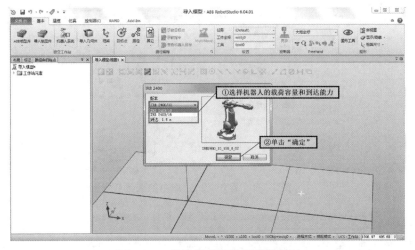

图 2-2-7　选择载荷容量和到达能力

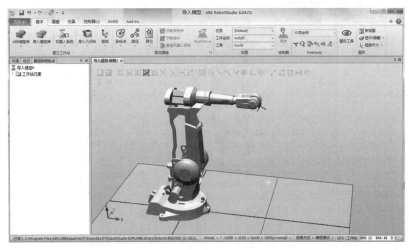

图 2-2-8　机器人导入完成

任务 2-2-3 工具的安装与拆除

1. 工具的导入

工具导入方式有两种：

1）导入 RobotStudio 软件默认的工具

可以导入软件默认"设备"库中的工具，如图 2-2-9 和图 2-2-10 所示，导入"Binzel air 22"工具。

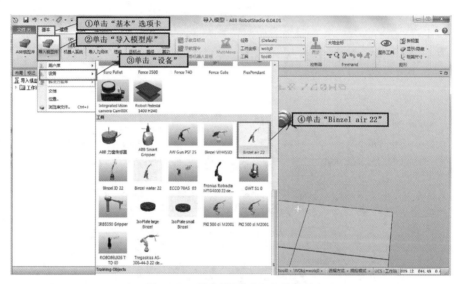

图 2-2-9 导入"设备"库中的工具

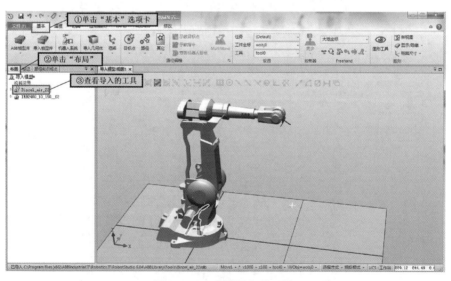

图 2-2-10 查看导入的工具

2）导入用户自行创建的工具

用户自行创建的工具保存在硬盘其他位置，可通过"浏览库文件"的方式导入工具，如图 2-2-11 所示。

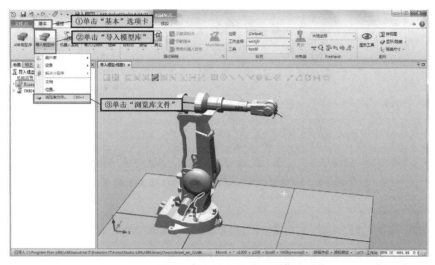

图 2-2-11 导入外部工具

2.安装工具

工具导入后，默认情况下，工具本地原点和大地坐标系原点重合，此时，工具和机器人是两个独立体，没有关联。需要将工具安装到机器人末端，工具才能正常随着机器人末端运动而运动。

1）右键安装法

右键单击工具，然后选择需要安装到的机器人，即可将工具安装到该机器人上，如图 2-2-12 和图 2-2-13 所示。

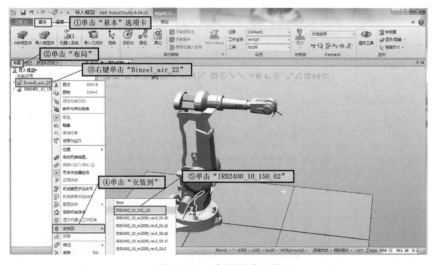

图 2-2-12 右键安装工具

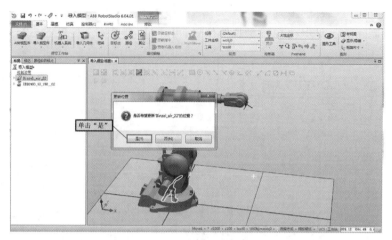

图 2-2-13　单击"是"，更新工具位置（右键安装法）

2）拖拽安装法

单击选中工具后将其拖拽到机器人上可实现工具安装，如图 2-2-14 和图 2-2-15 所示。

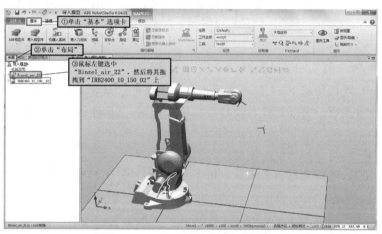

图 2-2-14　将工具拖拽到机器人上

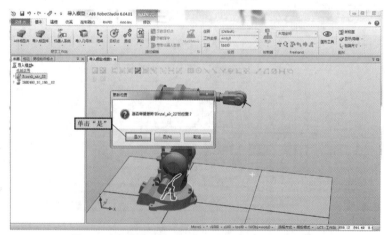

图 2-2-15　单击"是"，更新工具位置（拖拽安装法）

3.拆除工具

拆除工具,即将之前安装的工具从机器人上拆除。拆除工具时,可以选择工具恢复到初始位置,也可以保持在安装位置,如图 2-2-16～图 2-2-18 所示。

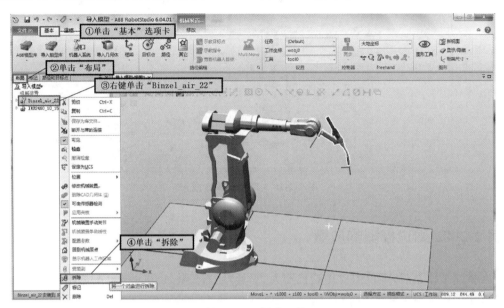

图 2-2-16 拆除工具

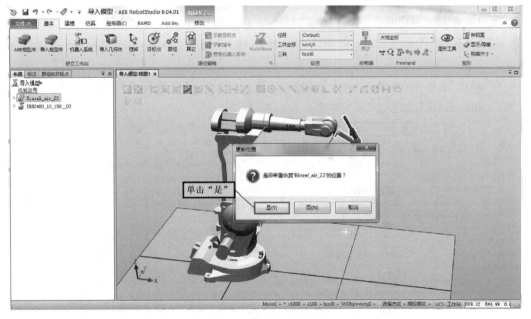

图 2-2-17 恢复工具位置

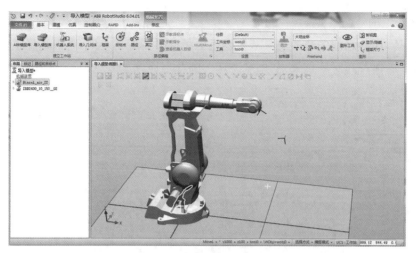

图 2-2-18　工具拆除完成

任务 2-2-4　周边模型的放置

在搭建工作站时,不仅需要用到机器人、工具,还需要将周边设备也按工作需求摆放好,就像真实工作环境一样的场景。

1.导入机器人周边模型

模型导入方式可以从默认的模型库中导入,也可以从硬盘其他地方导入。

本次任务在"任务 2-2-2　机器人的选择和导入"创建的"导入模型.rsstn"工作站中完成。

在"基本"选项卡中,单击"导入模型库"选项,选择"设备",即可选择默认设备。这里导入"propeller table",如图 2-2-19 和图 2-2-20 所示。

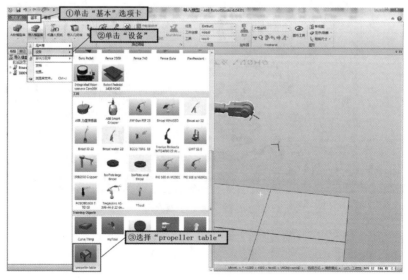

图 2-2-19　导入 table

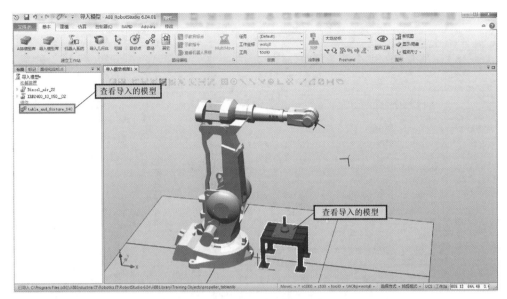

图 2-2-20　table 导入完成

若需要从硬盘其他地方导入模型,则单击"导入几何体"—"浏览几何体",在硬盘其他地方导入模型,如图 2-2-21 所示。

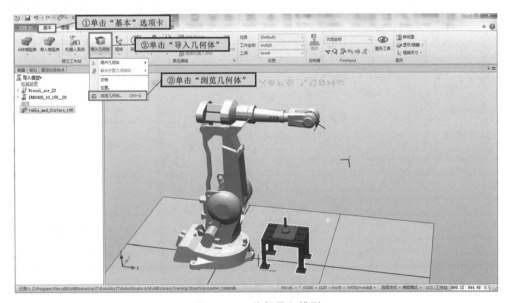

图 2-2-21　外部导入模型

2.利用 Freehand 工具栏操作周边模型

1)显示机器人工作区域

在"基本"选项卡中,在左侧"布局"浏览器中,右键单击机器人"IRB2400_10_150__02",选择"显示机器人工作区域",如图 2-2-22 和图 2-2-23 所示。图 2-2-23 中的曲线以及球体构成的封闭区域即为机器人的工作区域,在左上角"工作空间"选项中可选择"当前工具"工作区域。

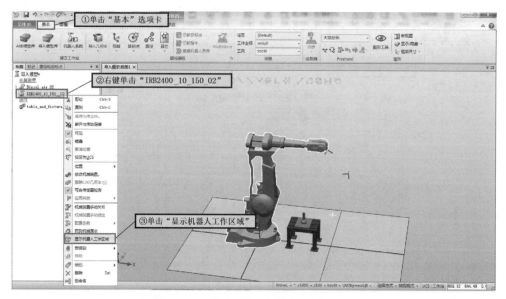

图 2-2-22 单击"显示机器人工作区域"

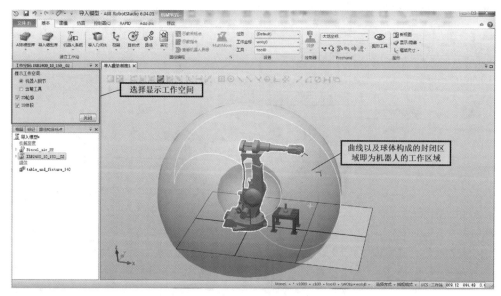

图 2-2-23 显示工作区域

2)用 Freehand 工具栏操作

①RobotStudio 6.04 的坐标系。

在 RobotStudio 6.04 中,利用 Freehand 进行相关操作时参考坐标系根据操作需求可以选择大地坐标系、本地坐标系、UCS、工件坐标系、工具坐标系五种坐标系,如图 2-2-24 所示。

大地坐标系(也叫世界坐标系)是固定在空间上的标准直角坐标系,它被固定在事先确定的位置。用户坐标系是基于该坐标系而设定的。

本地坐标系是指每个部件自己的坐标系,也可通过"修改"—"设定本地原点"方式修改本地坐标系。机器人的"基坐标系"即为机器人的本地坐标系。

UCS(用户坐标系)是用户对每个作业空间进行自定义的直角坐标系,它用于位置寄存器的示教和执行、位置补偿指令的执行等。在没有定义的时候,将由大地坐标系来替代该坐标系。

工件坐标系用来确定工件的位姿(位置和姿态),它由工件原点与坐标方位组成。用户可根据需要自行创建工件坐标系。

工具坐标系用来确定工具的位姿,它由工具中心点(TCP)与坐标方位组成。工具坐标系必须事先进行设定。在没有定义的时候,将由默认工具坐标系来替代该坐标系。每个工具都需要有一个工具坐标系。

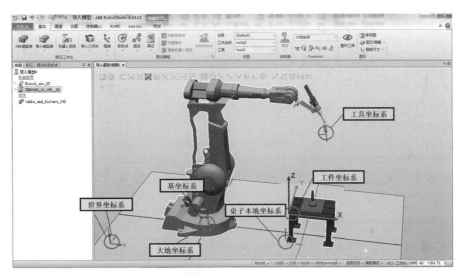

图 2-2-24　坐标系

②用 Freehand 工具栏操作部件。

移动操作:当需要移动某一部件位置时,可以使用移动操作,如图 2-2-25 所示。

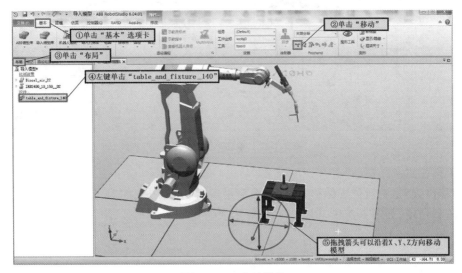

图 2-2-25　移动操作

旋转操作：当需要旋转某一部件时，可以使用旋转操作，如图 2-2-26 所示。

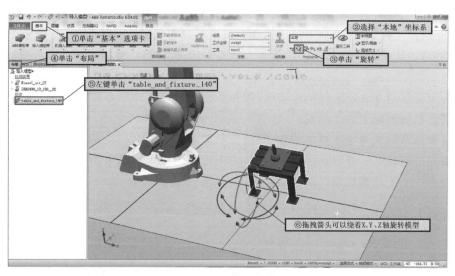

图 2-2-26　旋转部件

3. 周边模型的放置

1）设定位置

通过"设定位置"可以在大地坐标系中输入坐标值，准确设置对象的位置和姿态，如图 2-2-27 和图 2-2-28 所示。

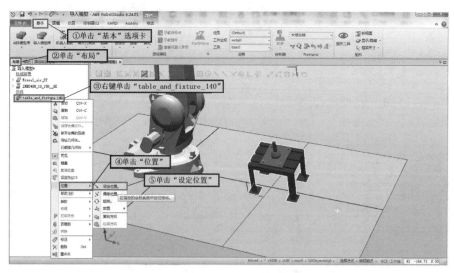

图 2-2-27　单击"设定位置"

2）偏移位置

"偏移位置"是相对位置偏移，可以将模型沿着 X、Y、Z 方向相对当前位置和方向偏移一定的距离和角度，如图 2-2-29 和图 2-2-30 所示。

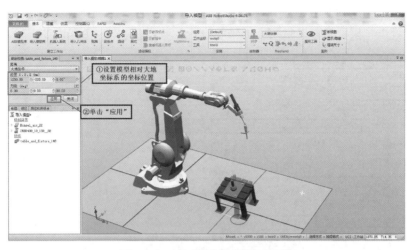

图 2-2-28　输入"设定位置"坐标值

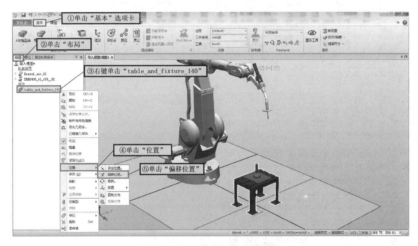

图 2-2-29　选择"偏移位置"

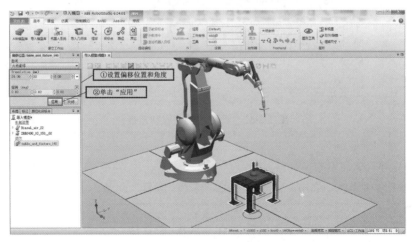

图 2-2-30　设定偏移位置和角度

3)旋转

"旋转"可以将模型绕着过指定点的轴线进行旋转,如图 2-2-31 和图 2-2-32 所示。

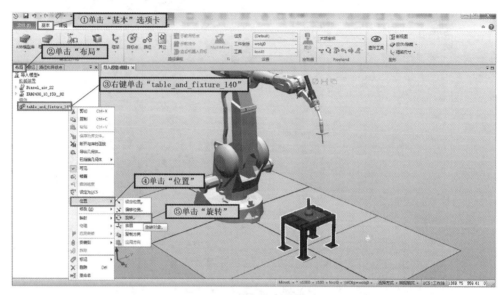

图 2-2-31 选择"旋转"

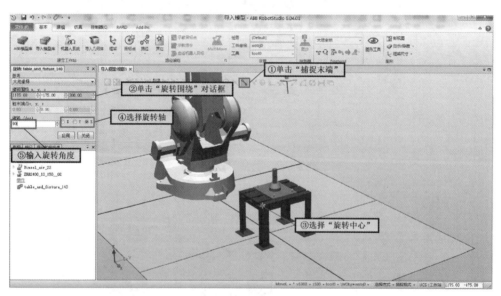

图 2-2-32 设置旋转中心和角度

4)放置

放置前先要导入部件。

在"基本"选项卡中,单击"导入模型库"选项,选择"设备",选择"Curve Thing",如图 2-2-33 所示。

RobotStudio 6.04 中放置部件的方法有一点法、两点法、三点法、框架法、两个框架法。

(1)"三点法"放置部件。

"三点法"放置部件如图 2-2-34～图 2-2-36 所示。

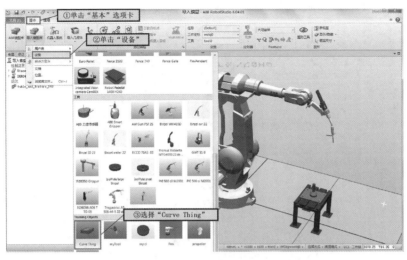

图 2-2-33　导入"Curve Thing"

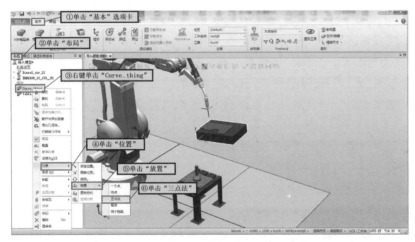

图 2-2-34　选择"三点法"

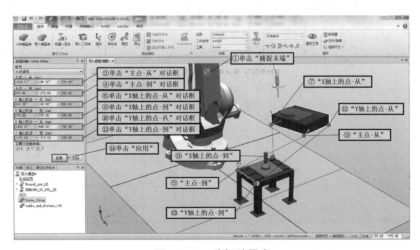

图 2-2-35　选择放置点

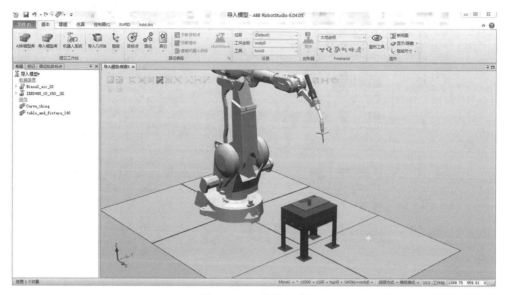

图 2-2-36　放置完成

(2)框架法放置部件。

首先要创建"框架"。"框架"创建方法有 3 种:

①"创建框架"法:需要确定"参考坐标系""框架位置"和"框架方向"。

②"三点创建框架"—"位置"法:需要确定"框架位置(原点)""X 轴上的点"和"X-Y 平面上的点"。

③"三点创建框架"—"三点法":需要确定"X 方向上的第一点""X 轴上的第二个点"和"Y 轴上的点"。

这里主要讲解"三点创建框架"—"三点法"创建框架,如图 2-2-37～图 2-2-40 所示。

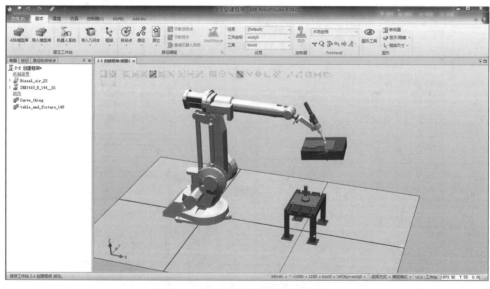

图 2-2-37　打开创建框架工作站

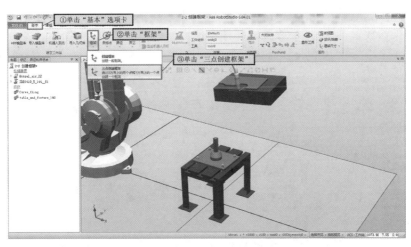

图 2-2-38　单击"三点创建框架"

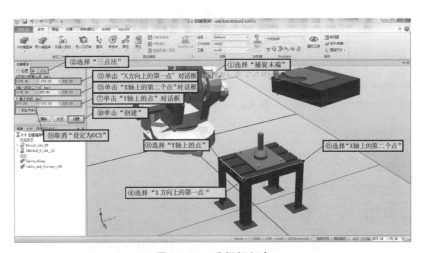

图 2-2-39　选择框架点

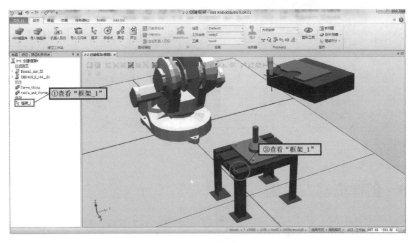

图 2-2-40　查看"框架_1"

框架创建完成后,就可以使用框架法放置部件了。

使用框架法放置,就是将要放置的部件本地坐标系和框架重合,如图 2-2-41～图 2-2-43 所示。

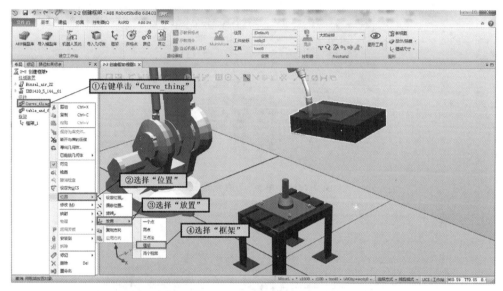

图 2-2-41   选择"框架"

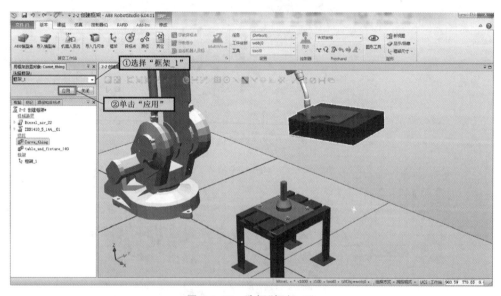

图 2-2-42   选择"框架_1"

任务 2-2-5   创建机器人系统

创建机器人系统有三种方法:

(1)从布局:根据工作站布局创建机器人系统。

(2)新建系统:为工作站创建新的系统。

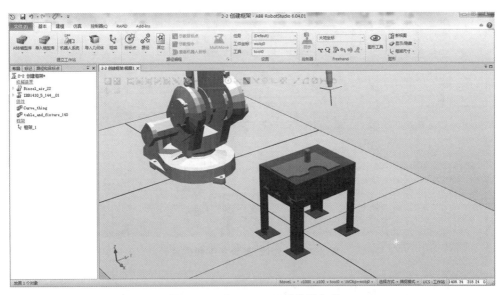

图 2-2-43　"Curve_thing"放置完成

（3）已有系统：为工作站添加已有的系统。

本次任务主要讲解"从布局"创建机器人系统。在创建机器人系统过程中，在"选择系统的机械装置"中，必须选择本系统控制的机械装置。若有多台机器人，需要创建多个机器人系统，每个机器人系统只能控制一个机械装置。在"系统选项"中，可以选择该系统需要用到的拓展模块类型。机器人系统创建过程如图 2-2-44～图 2-2-49 所示。

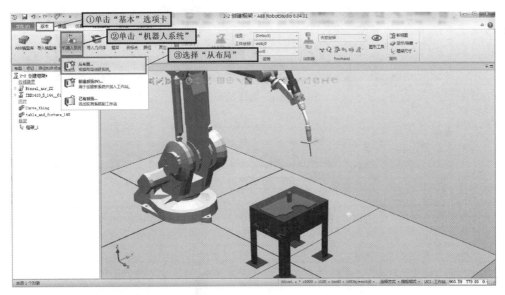

图 2-2-44　"从布局"创建系统

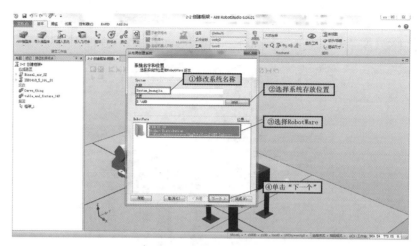

图 2-2-45　修改"系统名字和位置"

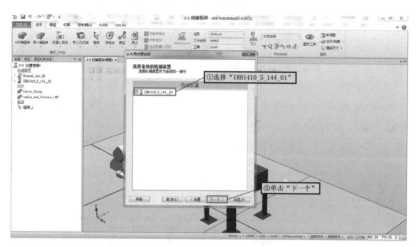

图 2-2-46　选择机械装置

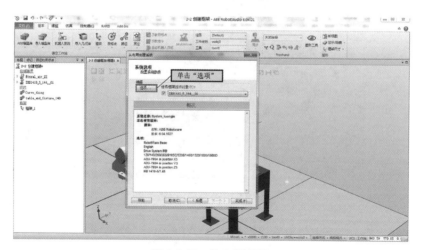

图 2-2-47　单击"选项"

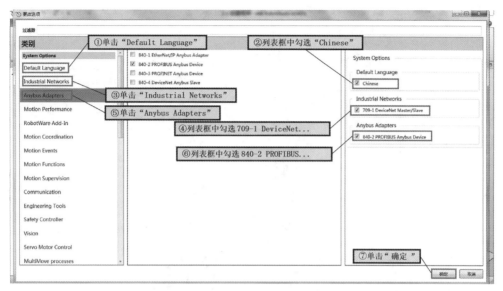

图 2-2-48 更改选项

图 2-2-49 完成系统创建

任务 2-2-6 手动操作机器人

在"基本"或"建模"选项卡的"Freehand"中,有"手动关节"、"手动线性"和"手动重定位"三种工业机器人手动操作模式。

1. "手动关节"操作

IRB2600 型机器人有 6 个独立旋转的轴关节,用"手动关节"可以分别单独运动 6 个关节,如图 2-2-50 所示。

如果按住 Alt 键同时拖拽机器人关节,机器人每次移动 10 度。按住 F 键同时拖拽机器人关节,机器人将以较小步幅移动。

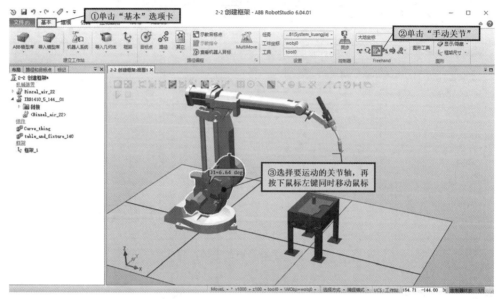

图 2-2-50　手动运动关节

2."手动线性"操作

"手动线性"操作,可以驱动机器人工具 TCP 沿着 X、Y、Z 轴向运动,如图 2-2-51 所示。如果按住 F 键同时拖拽机器人,机器人将以较小步幅移动。

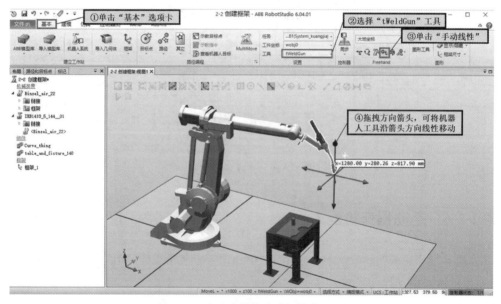

图 2-2-51　手动线性移动机器人工具

3."手动重定位"操作

"手动重定位"操作是驱动机器人工具 TCP 点在空间绕坐标系旋转的运动,如图 2-2-52 所示。

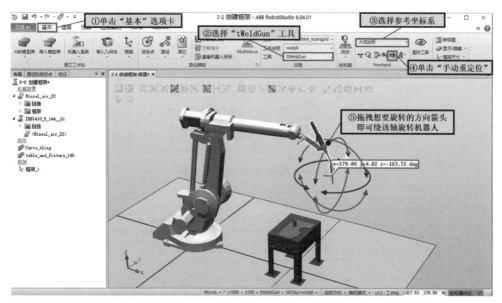

图 2-2-52　手动重定位操作

注意:

(1)如果在重定向时按下 Alt 键,则机器人的移动步距为 10 个单位;如果同时按下 F 键,则移动步距为 0.1 个单位。

(2)对不同的参考坐标系(大地坐标系、本地坐标系、UCS、当前工件坐标系、当前工具坐标系),定向行为也有所差异。

任务 2-2-7　机器人手动精确操作

RobotStudio 6.04 可以用"机械装置手动关节"和"机械装置手动线性"两种方式准确控制机器人的位置和姿态。

1.机械装置手动关节

"机械装置手动关节"可以精确地设置机器人每个关节的角度,如图 2-2-53 和图 2-2-54 所示。

2.机械装置手动线性

"机械装置手动线性"可以精确地设置机器人 TCP 位置和角度,如图 2-2-55 和图 2-2-56 所示。

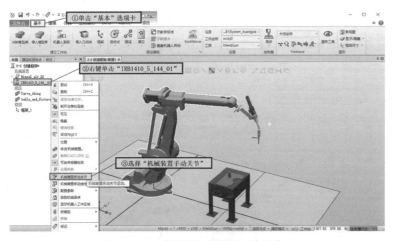

图 2-2-53　选择"机械装置手动关节"

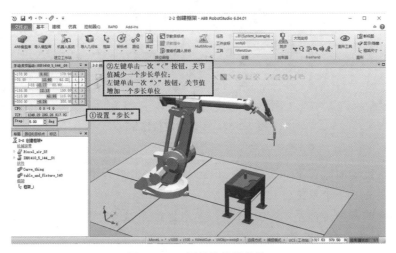

图 2-2-54　调整关节轴数值

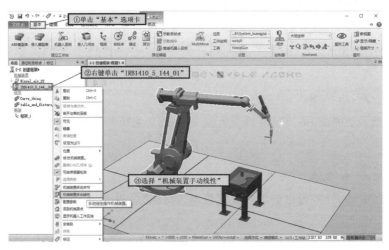

图 2-2-55　选择"机械装置手动线性"

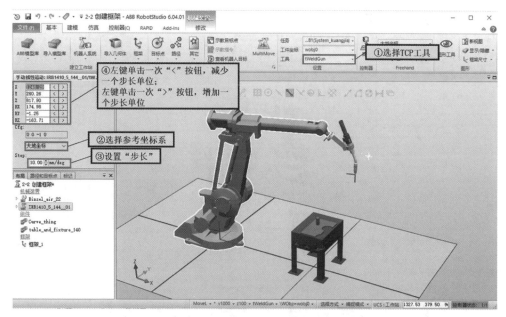

图 2-2-56　设置机器人 TCP 位置和角度

任务 2-3　创建工件坐标系及创建喷涂运动轨迹路径

任务 2-3-1　创建工件坐标系

创建工件坐标系方法有"三点"法、"位置"法和"转换框架为工件坐标"法。打开"2-3 喷涂运动轨迹工作站.rspag"（扫描此处二维码,可下载"源文件"—"任务 2　源文件"文件夹里面的"2-3　喷涂运动轨迹工作站.rspag"）工作站,创建工件坐标系。

1．"三点"法创建工件坐标系

"三点"法创建工件坐标系需要选择"X 轴上的第一个点"（即坐标原点）、"X 轴上的第二个点"、"Y 轴上的点",如图 2-3-1～图 2-3-3 所示。

2．"位置"法创建工件坐标系

"位置"法创建工件坐标系需要选择"位置"（即坐标原点）、"X 轴上的点""XY 平面图上的点"。"Y 轴"默认与"X 轴"垂直,方向与"XY 平面图上的点"在"X 轴"所在侧相同,如图 2-3-4～图 2-3-6 所示。

3．"转换框架为工件坐标"法创建工件坐标系

先创建一个框架,然后将框架转换成"工件坐标系",如图 2-3-7 和图 2-3-8 所示。

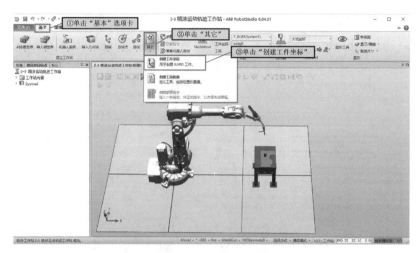

图 2-3-1　单击"创建工件坐标"（"三点"法）

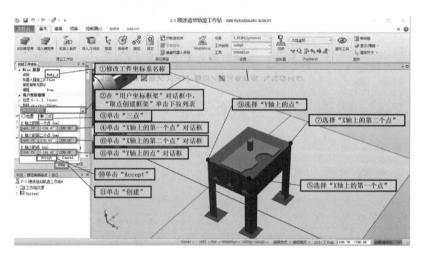

图 2-3-2　"三点"法创建工件坐标系

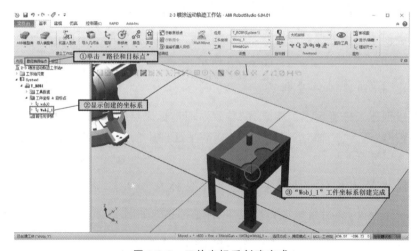

图 2-3-3　工件坐标系创建完成

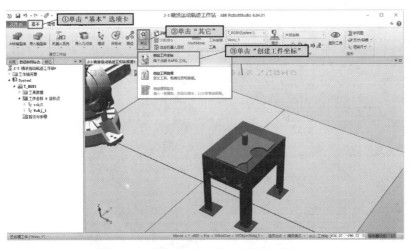

图 2-3-4　单击"创建工件坐标"("位置"法)

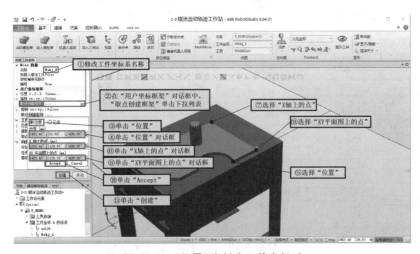

图 2-3-5　"位置"法创建工件坐标系

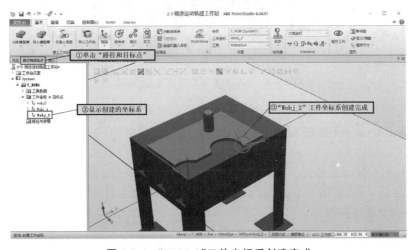

图 2-3-6　"Wobj_2"工件坐标系创建完成

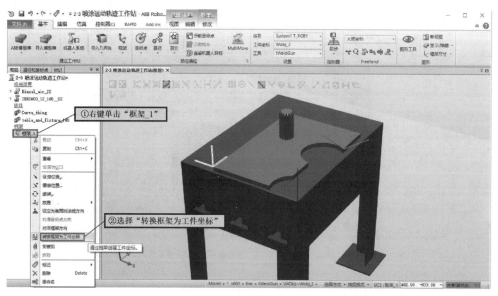

图 2-3-7　单击"转换框架为工件坐标"

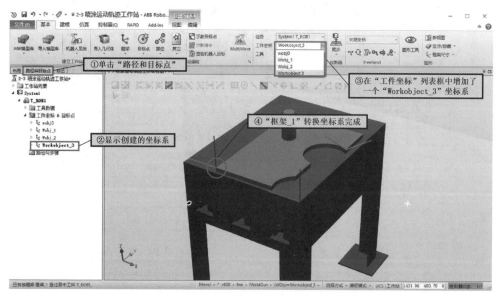

图 2-3-8　"转换框架为工件坐标"完成

任务 2-3-2　创建喷涂运动轨迹路径

打开"2-3　喷涂运动轨迹工作站.rspag"工作站，本任务创建机器人沿着"Curve_thing"部件四条边运动一圈，如图 2-3-9 所示。本次任务采用直接示教指令方法创建路径，在创建指令同时自动生成目标点。

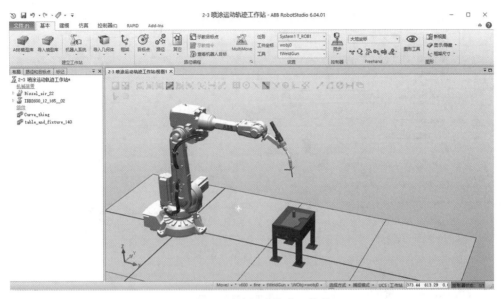

图 2-3-9　喷涂运动轨迹工作站

1. 创建空路径

创建一个空路径"Path_10"，然后再添加运动指令，如图 2-3-10 所示。

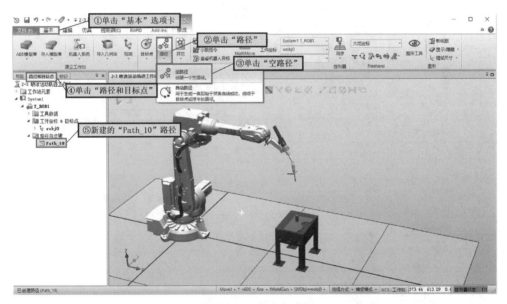

图 2-3-10　新建空路径

2. 示教指令

示教指令时，指令参数修改好后，后面"示教指令"参数默认和前一个"示教指令"的参数相同。本例需要示教 7 条运动指令，如图 2-3-11～图 2-3-17 所示。

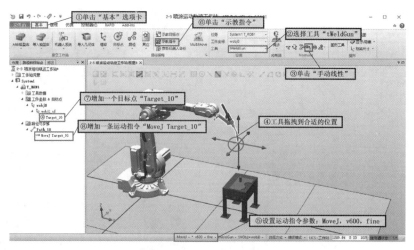

图 2-3-11　示教第一条指令

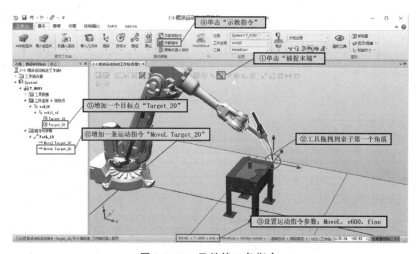

图 2-3-12　示教第二条指令

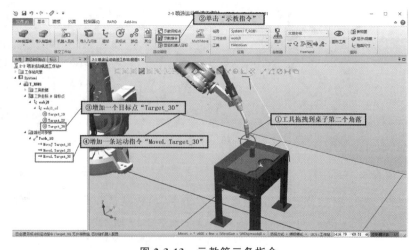

图 2-3-13　示教第三条指令

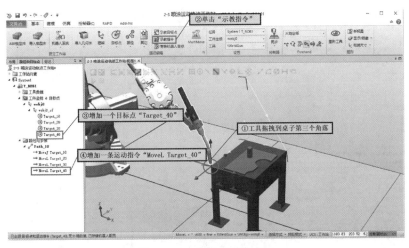

图 2-3-14　示教第四条指令

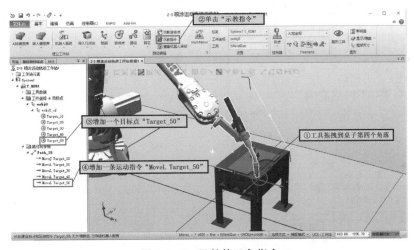

图 2-3-15　示教第五条指令

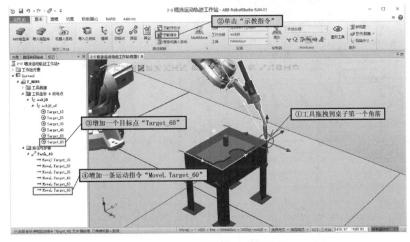

图 2-3-16　示教第六条指令

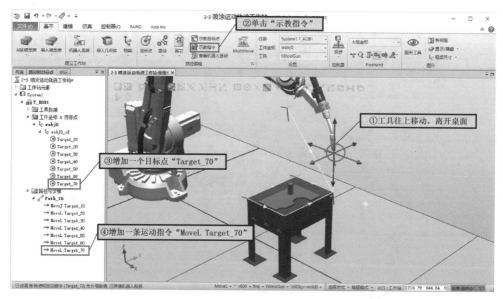

图 2-3-17　示教第七条指令

3.验证路径

1)查看机器人"到达能力"

指令后面显示绿色√,表示路径到达没问题;指令后面显示红色×,表示路径无法到达,需要进行相应的调整,如图 2-3-18 所示。

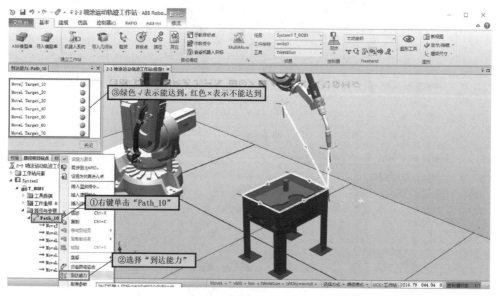

图 2-3-18　查看指令"到达能力"

2)配置参数

"自动配置"参数可以将路径快速运行一遍,如图 2-3-19 所示。若机器人不能按照路径正常运动,需要对不能到达的点调整姿态。

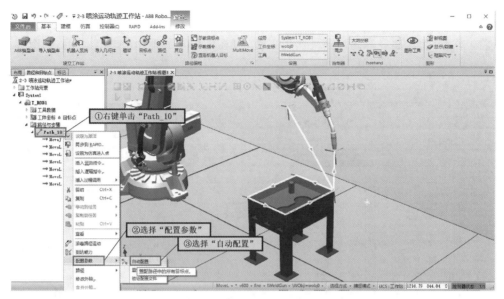

图 2-3-19 自动配置参数

3) 沿着路径运动

"沿着路径运动"是将路径按照给定的速度运行,如图 2-3-20 所示。若机器人不能按照路径正常运动,需要对不能到达的点调整姿态。

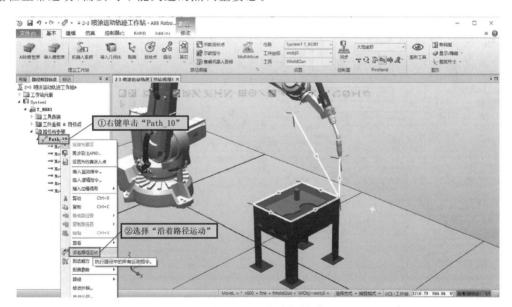

图 2-3-20 沿着路径运动

任务 2-3-3 仿真运行及视频录制

创建的路径验证完成后,即"沿着路径运动"能正常运行,就可以进行机器人仿真运行及录制运行过程。

1. 同步到 RAPID

将工作站对象、路径等同步到机器人系统,可在虚拟示教器中查看及使用,如图 2-3-21 所示。

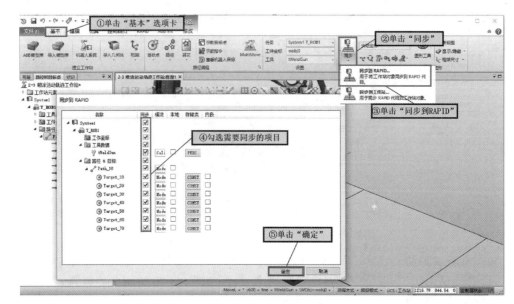

图 2-3-21　同步到 RAPID

2. 设置"仿真设定"

"仿真设定"是选择需要仿真的路径,如图 2-3-22 所示。

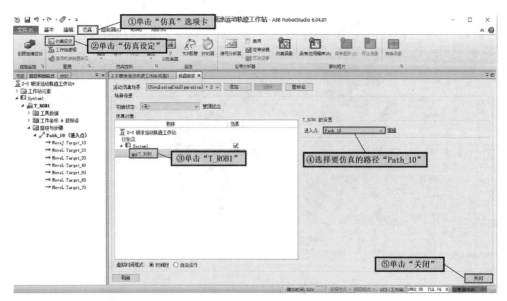

图 2-3-22　仿真设定

3.仿真运行及录制运行过程

机器人执行仿真运行的同时,可将运行过程录制下来,视频默认保存到"视频"文件夹下,如图 2-3-23 所示。

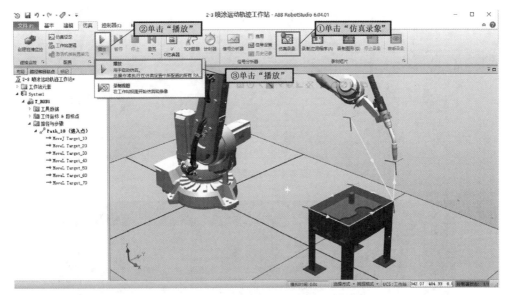

图 2-3-23　仿真录像和播放

任务 2-4　创建零件搬运轨迹路径

下面实例源自全国职业院校技能大赛工业机器人技术应用赛项的赛题,此任务主要完成机器人搬运路径的创建,并不执行搬运动作,搬运动作在任务 6 中讲解。本次任务采用先将所需要运动到的目标点全部通过示教目标点方式示教,并修改所有的目标点名称,然后将目标点添加到路径。

任务 2-4-1　任务讲解

1.打开"装配工作站"

打开"2-4　装配工作站(空).rsstn"(扫描此处二维码,可下载"源文件"—"任务 2　源文件"文件夹里面的"2-4　装配工作站(空).rsstn"),如图 2-4-1 所示。

2.任务介绍

本次任务主要包含四个零件,即 1 号底座、2 号电机、3 号减速器和 4 号端盖,主要任务是将四个零件从备件库和成品库搬运到指定的装配位,如图 2-4-2 所示。

机器人安装一个 Y 型工具,包含一个气爪工具和吸盘工具,搬运 1 号件用气爪工具,搬运 2、3、4 号件,用吸盘工具。

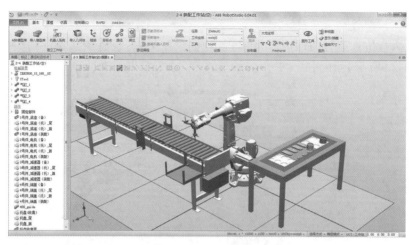

图 2-4-1　装配工作站

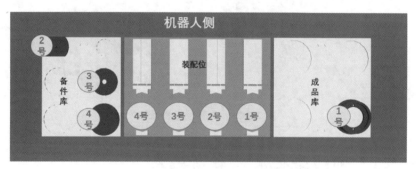

图 2-4-2　装配线图

3. 路径分析

为了使零件搬运过程运行平稳，机器人一般走"品"字形路径，即机器人一般直上直下或者水平运动。下面主要讲解 1 号底座搬运路径创建过程，2、3、4 号零件搬运过程参考 1 号底座路径创建过程。1 号底座搬运路径如图 2-4-3 所示。

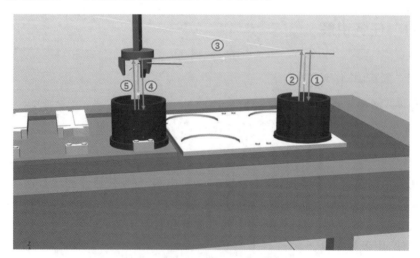

图 2-4-3　1 号底座搬运路径

任务 2-4-2　创建机器人系统

创建机器人系统，并将系统名设为"System_banyun"，选择系统语言、工业网络类型和通信方式，如图 2-4-4～图 2-4-9 所示。

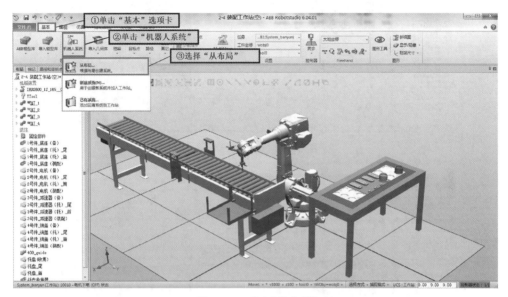

图 2-4-4　单击"从布局"

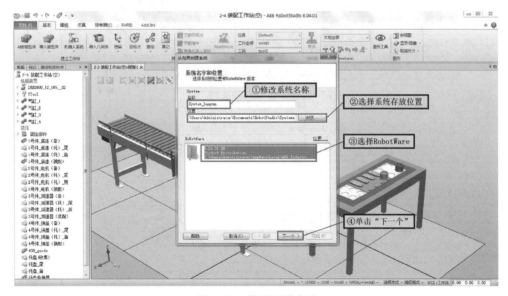

图 2-4-5　修改系统名称

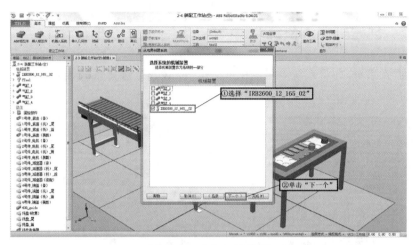

图 2-4-6　选择机械装置

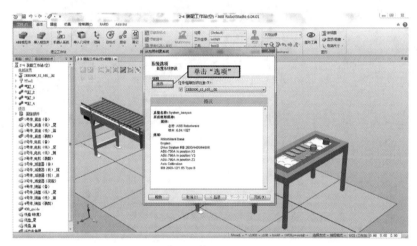

图 2-4-7　单击"选项"

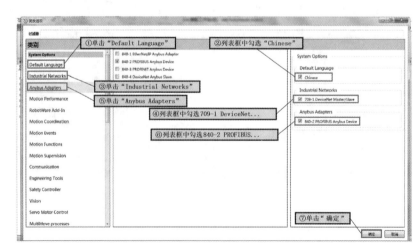

图 2-4-8　选择语言、工业网络和通信方式

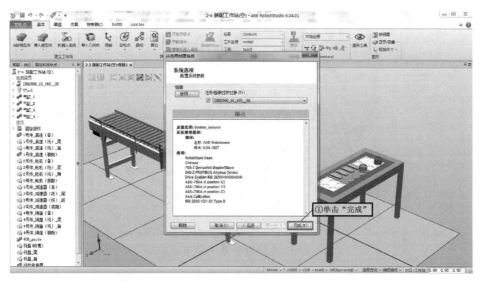

图 2-4-9　单击"完成"

任务 2-4-3　示教目标点

以下详细讲解 1 号底座搬运的目标点示教过程，2、3、4 号零件搬运目标点示教参考 1 号目标点示教。1 号零件的工具选用"qizhua"，2、3、4 号零件的工具选用"xipan"。

这里将需要用到的目标点全部示教完成，并将目标点名称按照规定修改好，然后在目标点上添加路径。在本例中，主要示教 5 个点，分别是：机器人起始点：pHome；零件拾取点：pPick；零件拾取完后抬起点：pPick_Up；零件放置点：pPut；零件放置完后抬起点：pPut_Up。示教目标点如图 2-4-10～图 2-4-25 所示。

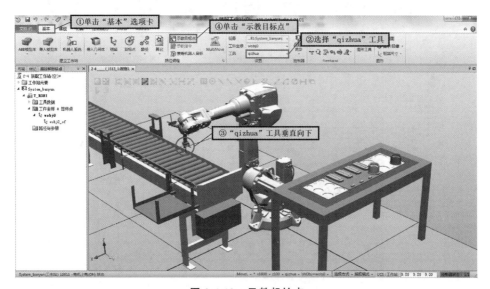

图 2-4-10　示教起始点

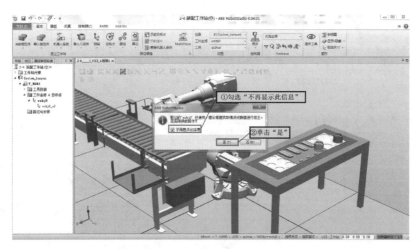

图 2-4-11　勾选使用默认工件坐标系

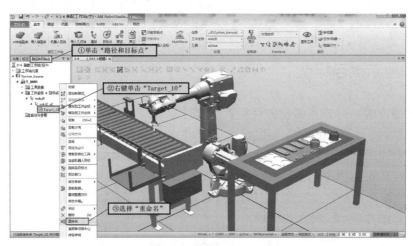

图 2-4-12　对 Target_10 重命名

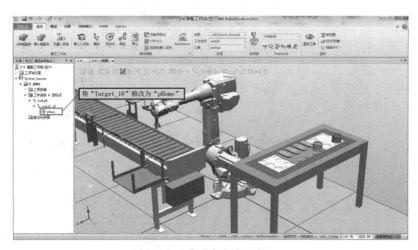

图 2-4-13　重命名为 pHome

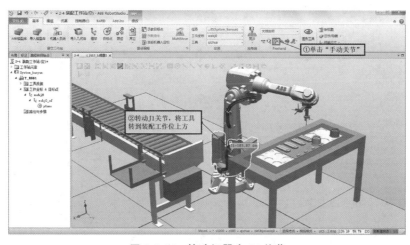

图 2-4-14 转动机器人 J1 关节

图 2-4-15 示教拾取目标点

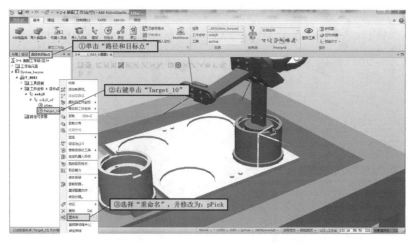

图 2-4-16 将 Target_10 重命名为 pPick

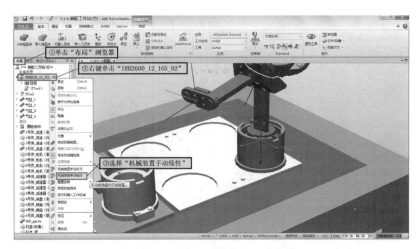

图 2-4-17　选择"机械装置手动线性"

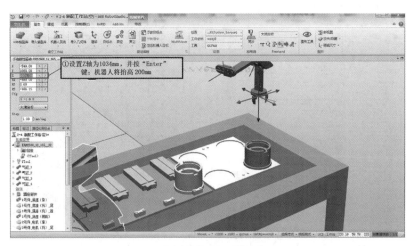

图 2-4-18　将机器人沿 Z 轴抬高 200 mm

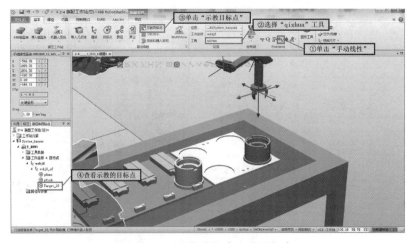

图 2-4-19　示教拾取点上方目标点

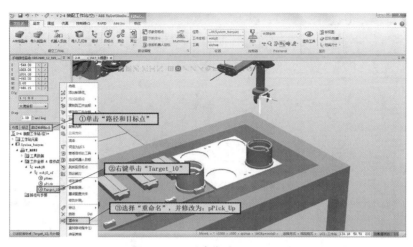

图 2-4-20　重命名为 pPick_Up

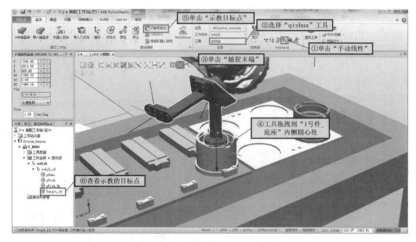

图 2-4-21　示教放置目标点

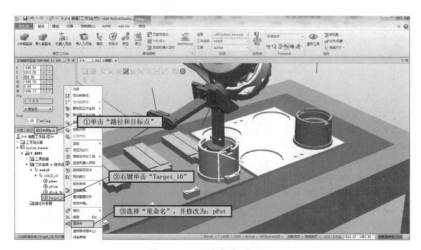

图 2-4-22　重命名为 pPut

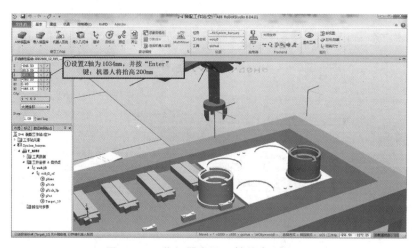

图 2-4-23　将机器人沿 Z 轴抬高 200 mm

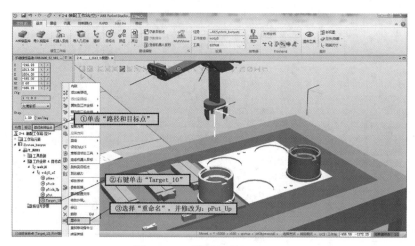

图 2-4-24　重命名为 pPut_Up

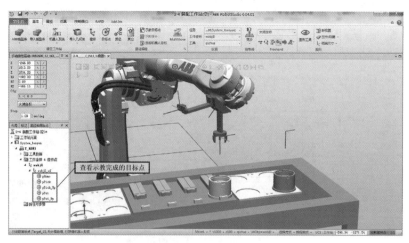

图 2-4-25　查看目标点

任务 2-4-4　创建路径

本例采用先示教点,再将点添加到路径的方法创建路径。1 号底座零件的搬运路径到达点的顺序为:pHome→pPick_Up→pPick→pPick_Up→pPut_Up→pPut→pPut_Up→pHome。

创建"空路径"Path_10,如图 2-4-26 所示。

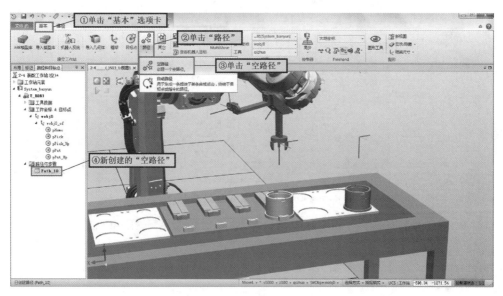

图 2-4-26　创建"空路径"

设置指令参数为"MoveJ v600,fine,qizhua",将 pHome 点添加到 Path_10 路径,创建第一条指令"MoveJ pHome",如图 2-4-27 所示。

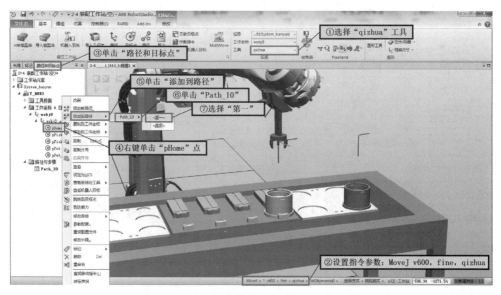

图 2-4-27　将 pHome 点添加到 Path_10 路径

设置指令参数为"MoveL v600，fine，qizhua"，将 pPick_Up 点添加到 Path_10 路径，创建第二条指令"MoveL pPick_Up"，如图 2-4-28 所示。

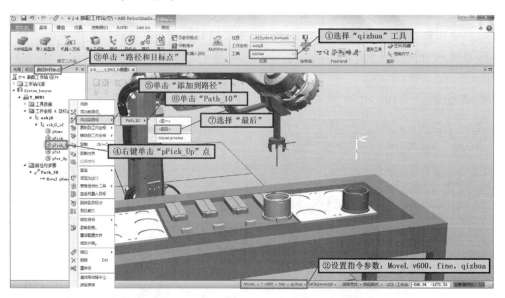

图 2-4-28　将 pPick_Up 点添加到 Path_10 路径

用"MoveL v600，fine，qizhua"这个指令参数，继续添加 MoveL pPick→MoveL pPick_Up→MoveL pPut_Up→MoveL pPut→MoveL pPut_Up 这 5 条指令。最后用"MoveJ v600，fine，qizhua"这个指令参数，添加"MoveJ pHome"指令。指令创建完后，如图 2-4-29 所示。

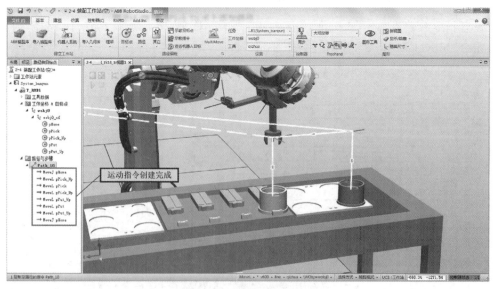

图 2-4-29　运动指令创建完成

任务 2-4-5 "编辑指令"操作

若指令参数需要修改,可通过"编辑指令"方式进行修改。可修改的参数有动作类型、Speed、Zone、Tool,如图 2-4-30 所示。

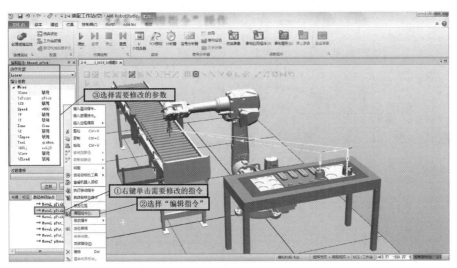

图 2-4-30 "编辑指令"操作

任务 2-4-6 验证路径

1. 查看机器人到达能力

查看机器人到达能力:若指令后面显示绿色√,表示路径能到达;若指令后面显示红色×,表示路径无法到达,需要对目标点姿态或指令参数进行调整,如图 2-4-31 所示。

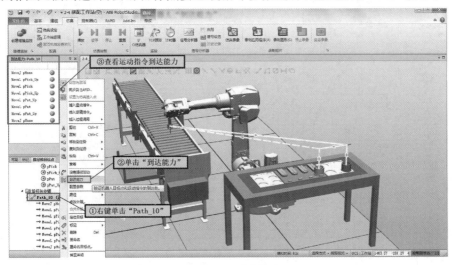

图 2-4-31 到达能力

2.配置参数

路径创建完成后,需要对路径进行自动配置,即选择一种合适的配置参数。若机器人不能按照路径正常运动,则需要对不能到达的目标点调整姿态,如图2-4-32所示。

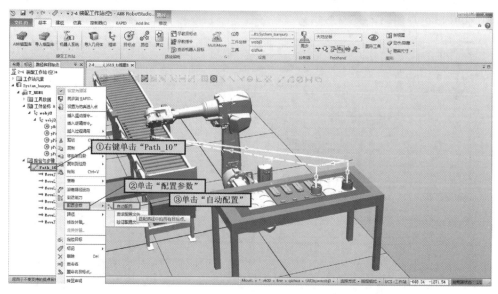

图 2-4-32 自动配置

3.沿着路径运动

在"路径和目标点"浏览器—"路径与步骤"菜单中,右键单击"Path_10",选择"沿着路径运动",如图2-4-33所示。若机器人不能按照路径正常运动,则需要对不能到达的点调整姿态。

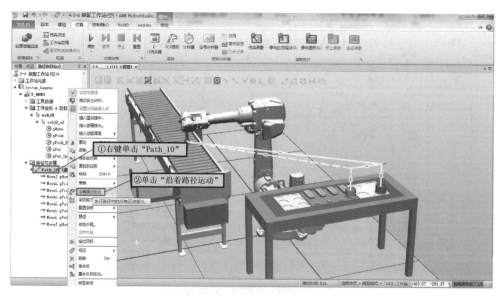

图 2-4-33 沿着路径运动

任务 2-4-7　修改目标点

在配置参数或沿着路径运动时，若机器人不能正常运行，则需要对不能到达的目标点姿态进行修改，如图 2-4-34 和图 2-4-35 所示。用"设定位置""偏移位置"和"放置"可以修改目标点的位置，修改方法和"任务 2-2-4　周边模型的放置"中介绍的方法相同。

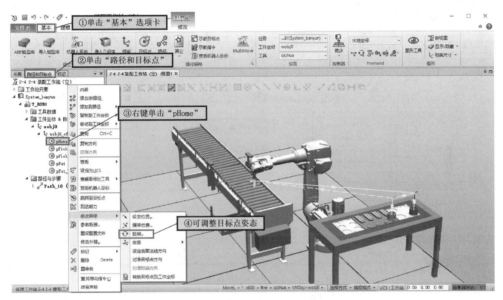

图 2-4-34　选择修改目标方式"旋转"

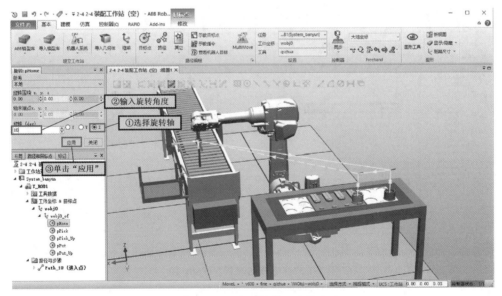

图 2-4-35　设置旋转轴及旋转角度

任务 2-4-8　仿真运行

创建的路径验证完成后，即"沿着路径运动"能正常运行，就可以进行机器人仿真运行及仿真录像，如图 2-4-36～图 2-4-38 所示。

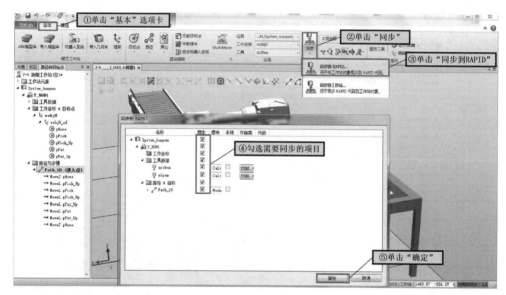

图 2-4-36　单击"同步到 RAPID"

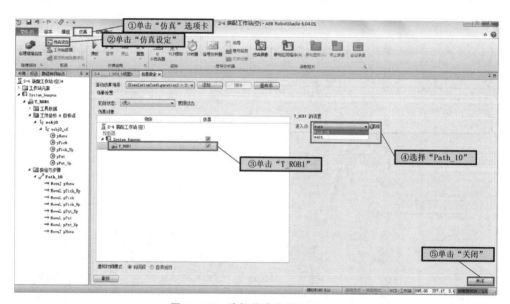

图 2-4-37　选择仿真程序 Path_10

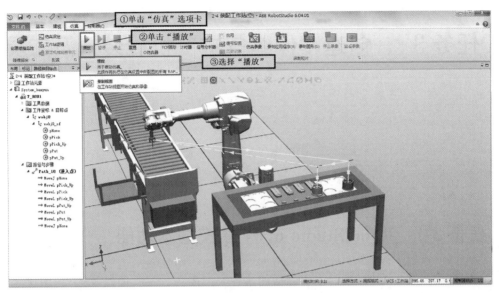

图 2-4-38　仿真播放

拓展训练

根据图 2-4-2 装配线图,在"1 号件_底座"搬运路径完成的基础上,继续实现"2 号件_电机""3 号件_减速器"和"4 号件_端盖"分别从"备件库"位搬运到"装配位"的搬运路径:

(1)显示"2 号件_电机(备)""3 号件_减速器(备)""4 号件_端盖(备)""2 号件_电机(装配)""3 号件_减速器(装配)"和"4 号件_端盖(装配)";

(2)创建路径 Path_20,实现将"2 号件_电机(备)"搬运至"2 号件_电机(装配)"的路径;

(3)创建路径 Path_30,实现将"3 号件_减速器(备)"搬运至"3 号件_减速器(装配)"的路径;

(4)创建路径 Path_40,实现将"4 号件_端盖(备)"搬运至"4 号件_端盖(装配)"的路径。

任务 3 创建"伸缩气缸"机械装置及工具

任务 3-1 RobotStudio 6.04 建模基本功能

RobotStudio 6.04 建模功能主要包括创建各类型固体、表面、曲线及边界,创建 Smart 组件,导入几何体,创建框架,交叉、减去、结合、拉伸等 CAD 操作;同时,还有模型测量功能,创建机械装置(如机器人、工具、设备、外轴等),创建工具,创建输送带等。RobotStudio 6.04"建模"选项卡窗口如图 3-1-1 所示。

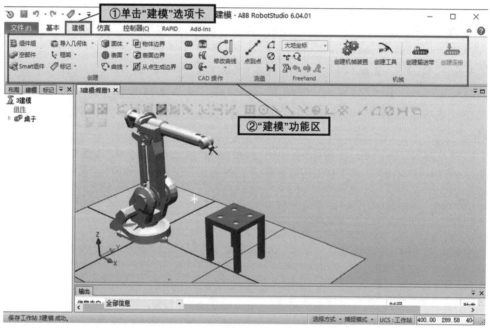

图 3-1-1 RobotStudio 6.04"建模"选项卡窗口

任务 3-2　创建 3D 模型

任务 3-2-1　创建基础 3D 模型

1. 创建矩形体

新建一个空工作站,在空工作站中创建一个长 500 mm、宽 500 mm、高 400 mm 的矩形体,如图 3-2-1 和图 3-2-2 所示。

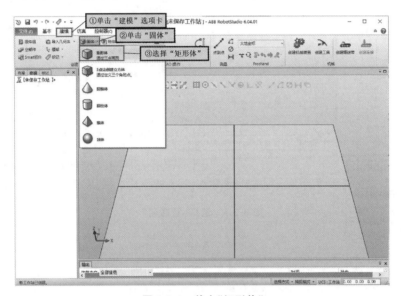

图 3-2-1　单击"矩形体"

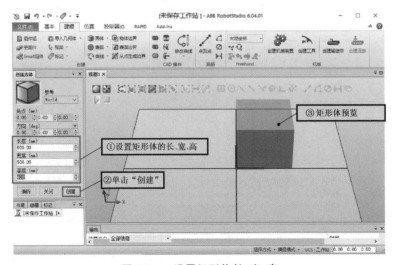

图 3-2-2　设置矩形体长、宽、高

2.修改部件名称

矩形体创建完后,在左侧浏览器中增加一个"部件_1",将"部件_1"名称修改为"矩形体",如图 3-2-3 和图 3-2-4 所示。

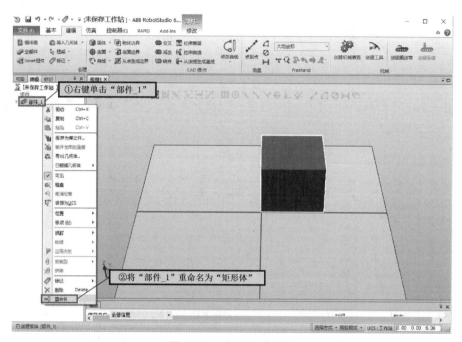

图 3-2-3　选择"重命名"

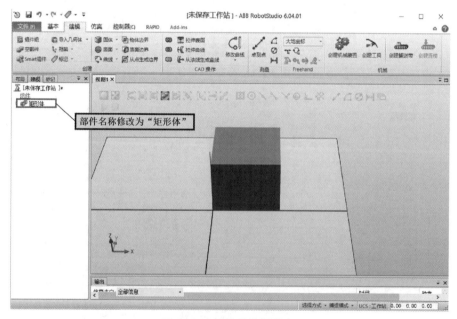

图 3-2-4　修改后的部件名

3.创建圆柱体

在矩形体上表面正中心创建一个半径 100 mm、高度 300 mm 的圆柱体,如图 3-2-5 和图 3-2-6 所示。

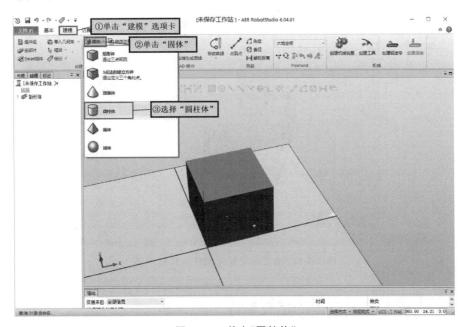

图 3-2-5　单击"圆柱体"

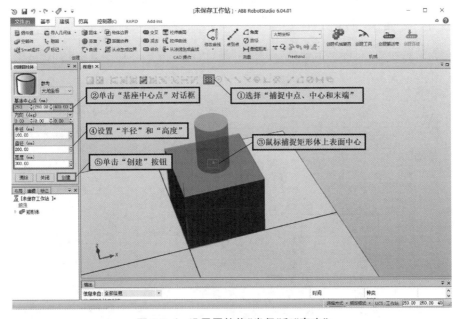

图 3-2-6　设置圆柱体"半径"和"高度"

4.修改圆柱体名称

参考"修改部件名称"方法,将刚创建的圆柱体名称修改为"圆柱体"。修改后的结果如

图 3-2-7 所示。

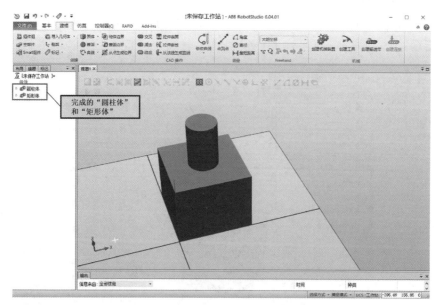

图 3-2-7　修改完成后的圆柱体和矩形体

任务 3-2-2　设置三维模型的相关参数

三维模型创建完后，可以对其颜色、位置、显示等相关参数进行设置。

1. 设定"圆柱体"颜色

在左侧浏览器中，右键单击部件"圆柱体"进行"设定颜色"，如图 3-2-8 和图 3-2-9 所示。

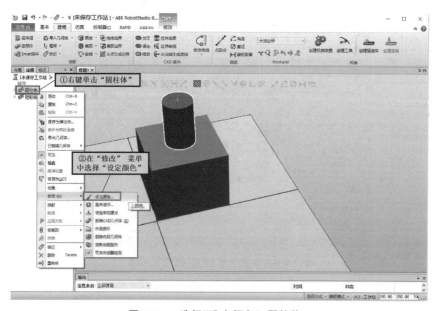

图 3-2-8　选择"设定颜色"（圆柱体）

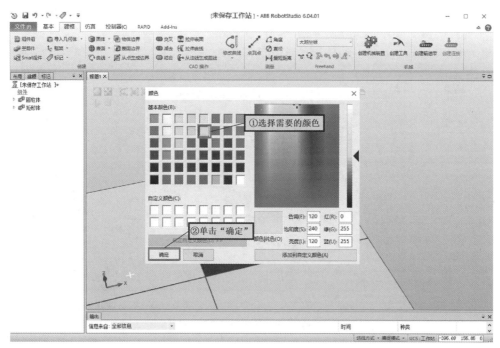

图 3-2-9　选择需要的颜色（圆柱体）

2.设定"矩形体"颜色

右键单击部件"矩形体"进行"设定颜色"，如图 3-2-10 和图 3-2-11 所示。

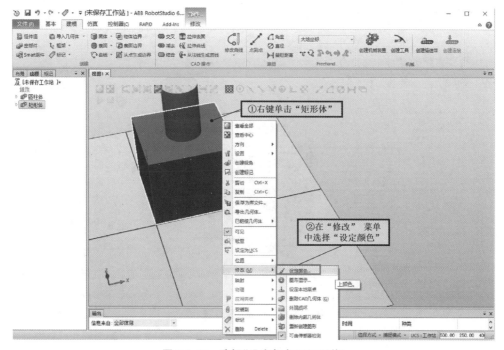

图 3-2-10　选择"设定颜色"（矩形体）

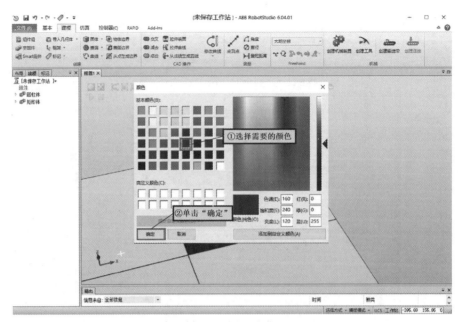

图 3-2-11 选择需要的颜色（矩形体）

3.图形显示

如果需要复杂的图形显示功能，比如对部件一个面设定颜色，使用各种材料颜色等，就需要用到图形显示功能，如图 3-2-12 至图 3-2-16 所示。

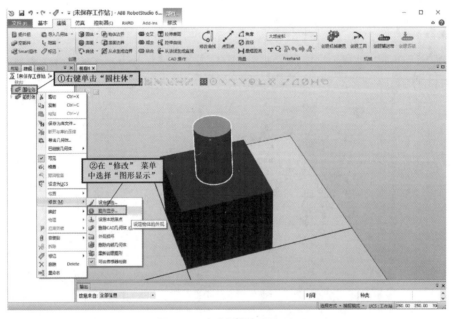

图 3-2-12 选择"图形显示"

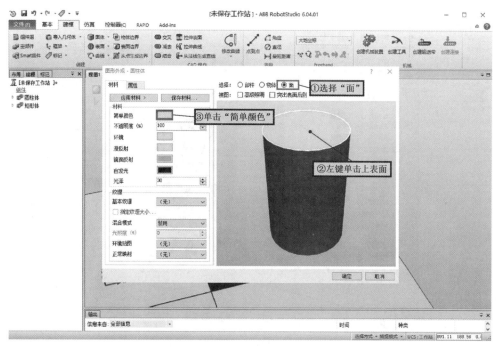

图 3-2-13 选择要修改颜色的表面

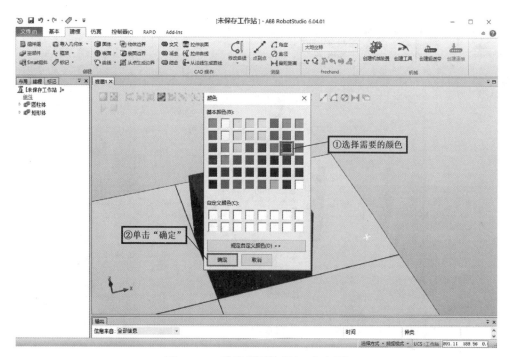

图 3-2-14 选择需要的颜色(上表面)

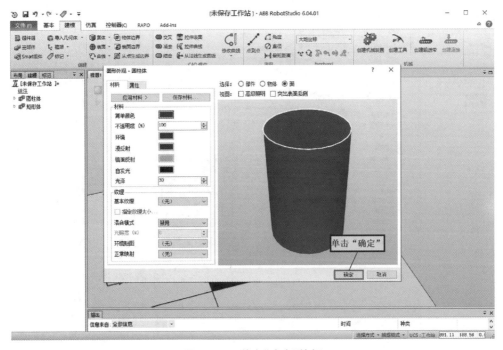

图 3-2-15　单击"确定"按钮

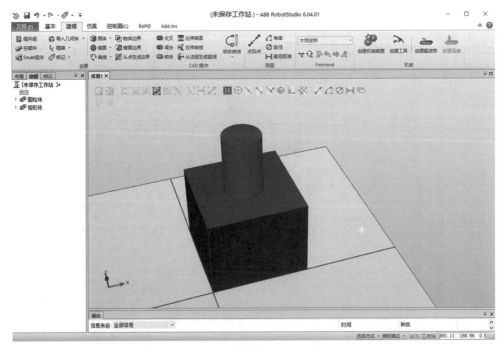

图 3-2-16　颜色修改结果显示

任务 3-2-3　三维模型组合

前面创建的矩形体、圆柱体等都是独立的几何体,如果需要移动或导出,只能分别移动或导出不同的几何体,这样对后续工作带来不便。在此,可先将它们组合为一个整体。在 RobotStudio 软件中有三种布尔运算方式对部件进行运算,即交叉、减去和结合,如图 3-2-17 所示。

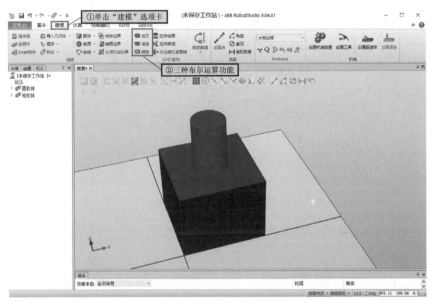

图 3-2-17　三种布尔运算方式

1. 创建几何体

在空工作站中创建"矩形体"和"圆柱体",如图 3-2-18～图 3-2-20 所示。

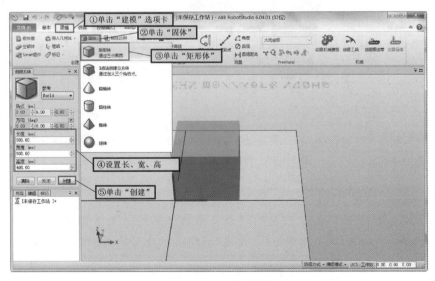

图 3-2-18　创建矩形体

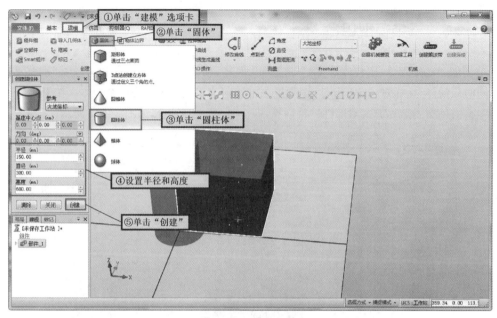

图 3-2-19　创建圆柱体

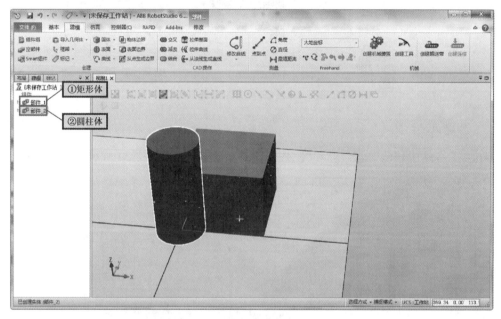

图 3-2-20　创建矩形体和圆柱体完成

2.矩形体和圆柱体的"交叉"操作

将两个相交叉的部件进行"交叉"，可以保留两个部件交叉重叠部分，如图 3-2-21 和图 3-2-22 所示。若勾选"保留初始位"，"交叉"后将进行交叉的两个源部件保留；若不勾选"保留初始位"，"交叉"后源部件被删除。

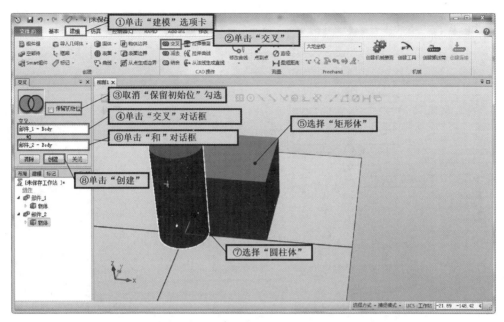

图 3-2-21　矩形体和圆柱体"交叉"操作

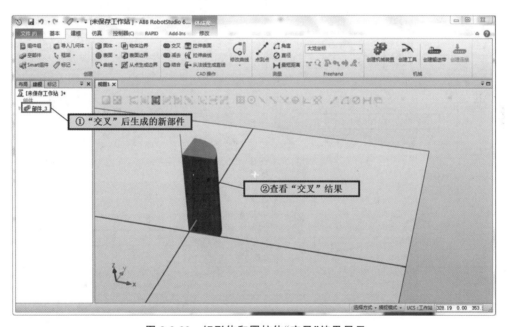

图 3-2-22　矩形体和圆柱体"交叉"结果显示

3. 矩形体和圆柱体的"减去"操作

"减去"操作就是将一个部件减去另一个与之相交的部分,如图 3-2-23 和图 3-2-24 所示。若勾选"保留初始位","减去"后将两个源部件保留;若不勾选"保留初始位","减去"后源部件被删除。

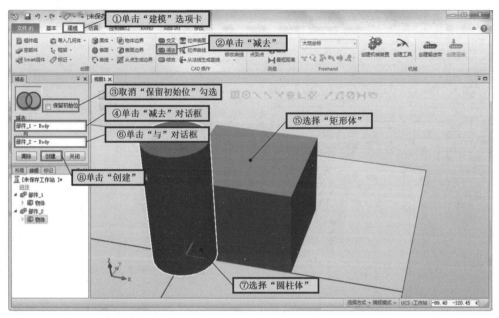

图 3-2-23 矩形体和圆柱体"减去"操作

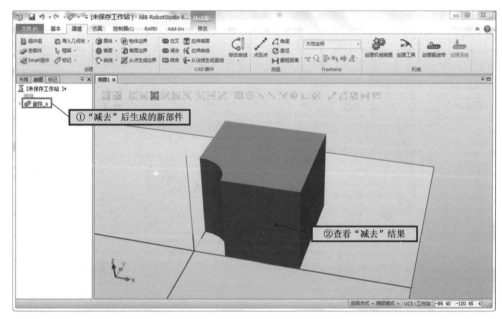

图 3-2-24 矩形体和圆柱体"减去"结果显示

4.矩形体和圆柱体的"结合"操作

"结合"操作就是将两个部件结合在一起变成一个部件,如图 3-2-25 和图 3-2-26 所示。若勾选"保留初始位","结合"后将两个源部件保留;若不勾选"保留初始位","结合"后源部件被删除。

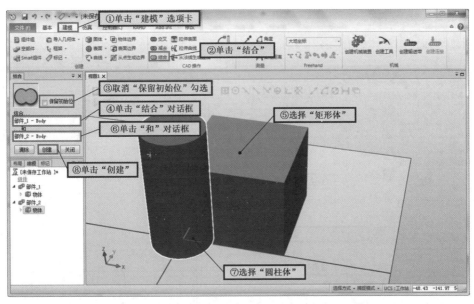

图 3-2-25 矩形体和圆柱体"结合"操作

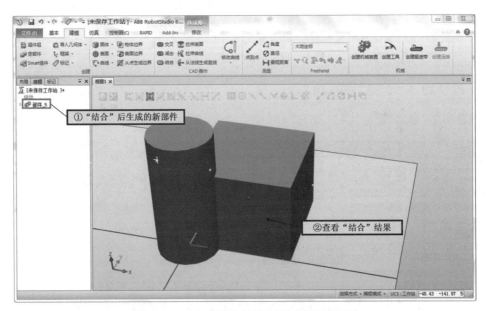

图 3-2-26 矩形体和圆柱体"结合"结果显示

任务 3-2-4 创建"桌子模型"

用"结合"和"减去"操作,完成"桌子模型"的创建。

1. 新建空工作站

使用前面的方法创建一个空工作站。

2.创建"矩形体"

创建"桌面"矩形体，如图 3-2-27 所示。

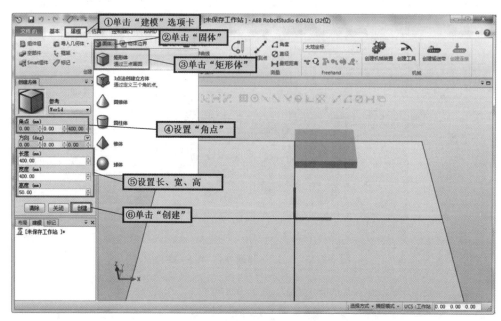

图 3-2-27　创建"矩形体"（桌面）

3.创建四个"桌腿"矩形体

创建四个"桌腿"矩形体，如图 3-2-28～图 3-2-31 所示。

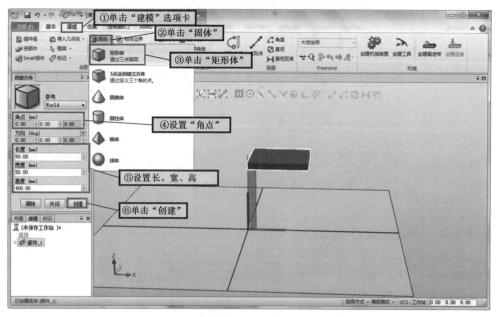

图 3-2-28　创建第一个"桌腿"的"矩形体"

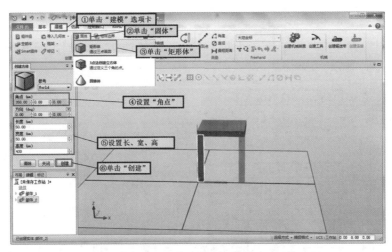

图 3-2-29　创建第二个"桌腿"的"矩形体"

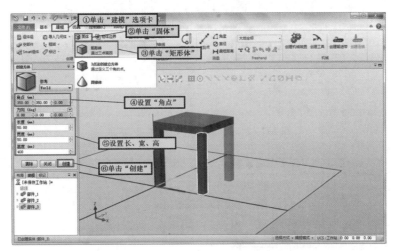

图 3-2-30　创建第三个"桌腿"的"矩形体"

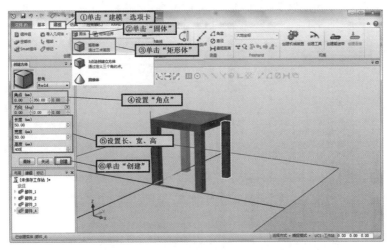

图 3-2-31　创建第四个"桌腿"的"矩形体"

4."桌面"和"桌腿"结合

将"部件_1""部件_2""部件_3""部件_4""部件_5"通过"结合"操作,变成一个部件,如图 3-2-32~图 3-2-35 所示。

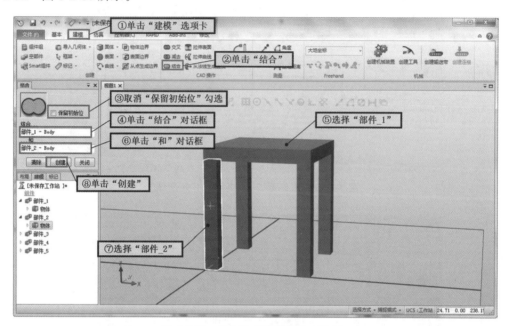

图 3-2-32 "部件_1"和"部件_2"结合

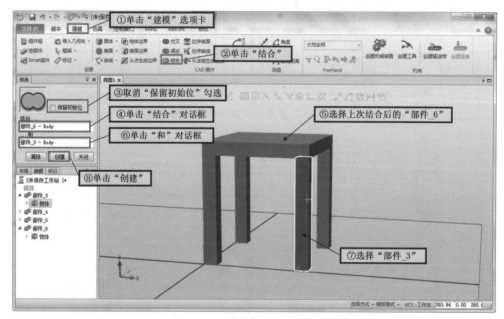

图 3-2-33 "部件_6"和"部件_3"结合

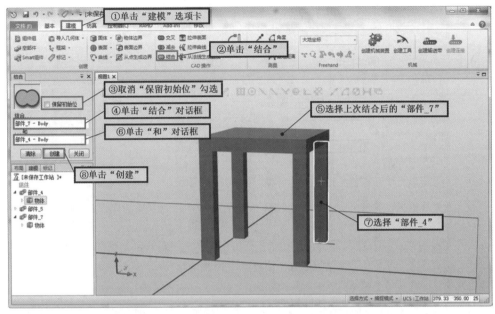

图 3-2-34 "部件_7"和"部件_4"结合

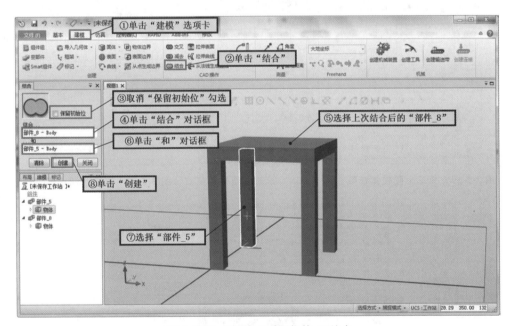

图 3-2-35 "部件_8"和"部件_5"结合

5.创建四个圆柱体

创建四个圆柱体,用"减去"操作,生成"桌面"上表面四个圆柱孔。创建第一个圆柱体,如图 3-2-36 所示。

参考创建第一个圆柱体的方法再创建三个圆柱体,三个圆柱体参数设置如图 3-2-37~图 3-2-39 所示。结果如图 3-2-40 所示。

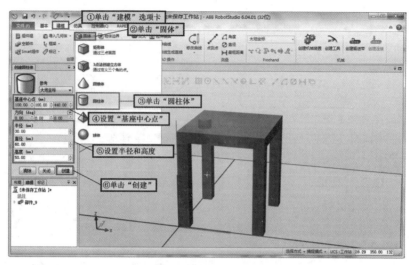

图 3-2-36　创建第一个"圆柱体"

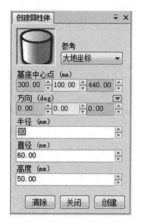 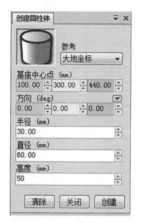 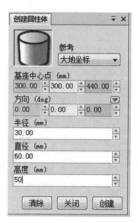

图 3-2-37　第二个圆柱体参数　图 3-2-38　第三个圆柱体参数　图 3-2-39　第四个圆柱体参数

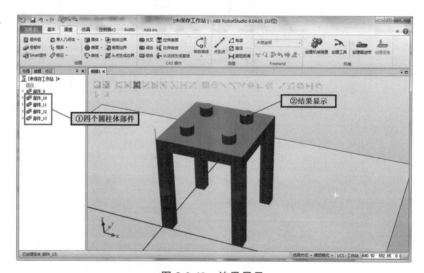

图 3-2-40　结果显示

6."减去"操作

在"桌面"上"减去"四个圆柱体,形成圆柱体孔。"减去"操作如图 3-2-41～图 3-2-45 所示。

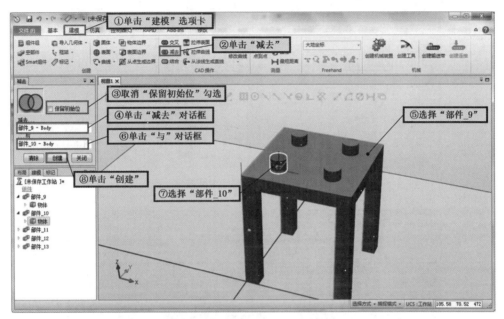

图 3-2-41 "减去"第一个圆柱体

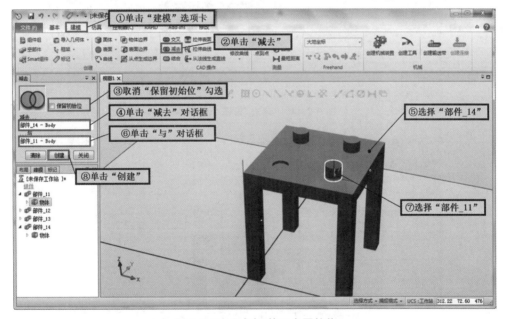

图 3-2-42 "减去"第二个圆柱体

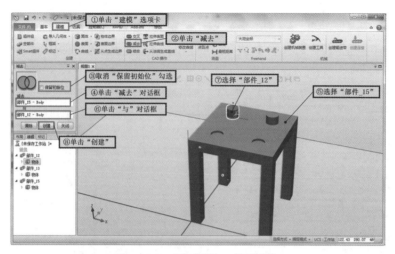

图 3-2-43　"减去"第三个圆柱体

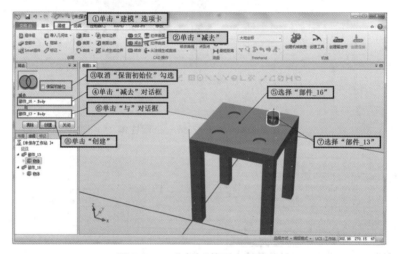

图 3-2-44　"减去"第四个圆柱体

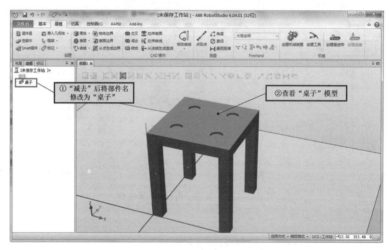

图 3-2-45　查看"桌子"模型

任务 3-2-5 导出三维模型

在 RobotStudio 中创建的三维模型可作为第三方模型导出后保存起来,以便以后创建类似工作站时使用或共享给他人使用。三维模型导出的具体操作方法如下。

在左侧布局列表中,右键单击要导出的部件"桌子",在下拉菜单中选择"导出几何体",如图 3-2-46 所示。

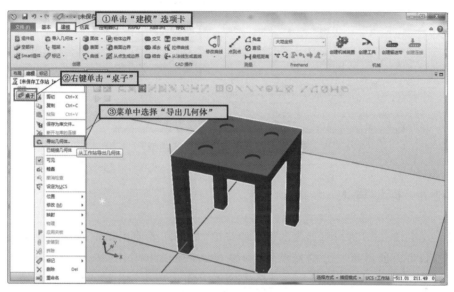

图 3-2-46 选择"导出几何体"

按图 3-2-47 所示选择导出格式后,按图 3-2-48 所示保存文件。

图 3-2-47 选择导出格式

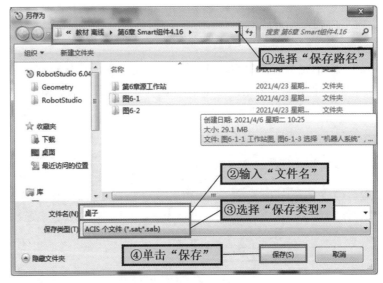

图 3-2-48　选择保存路径及类型

任务 3-2-6　模型导入

使用 RobotStudio 进行机器人的仿真验证时,如果需要使用精细的三维模型或仿真精度要求较高,可以通过第三方的建模软件(如 UG、Pro/ENGINEER、SolidWorks、CATIA、AutoCAD 等)进行建模,并通过 *.sat 格式导入 RobotStudio 中来完成建模布局。导入模型方法如图 3-2-49 和图 3-2-50 所示。

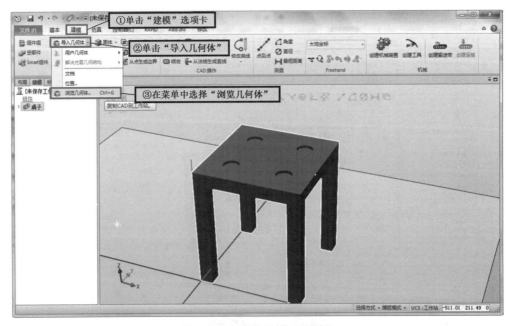

图 3-2-49　选择"浏览几何体"

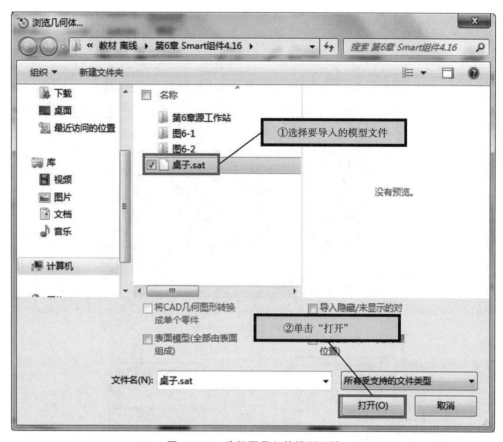

图 3-2-50　选择要导入的模型文件

任务 3-3　测量工具的使用

当需要一些距离、直径等具体数据信息时,可以使用测量功能。RobotStudio 的测量功能主要有以下几种方式:"点到点""角度""直径""最短距离"。

任务 3-3-1　测量"点到点"直线距离

"点到点"可以实现任意两点之间的直线距离测量,在显示测量信息里面有四个数据,第一行是点到点直线距离,第二行"【】"内的三个数分别是两点之间的 X、Y 和 Z 的偏移量,如图 3-3-1 所示。

任务 3-3-2　测量"角度"

测量"角度"需要用到三个点,首先选择的第一个点是角度位置点,然后再选择两个端点,最后在角度位置点处显示角度信息,如图 3-3-2 所示。

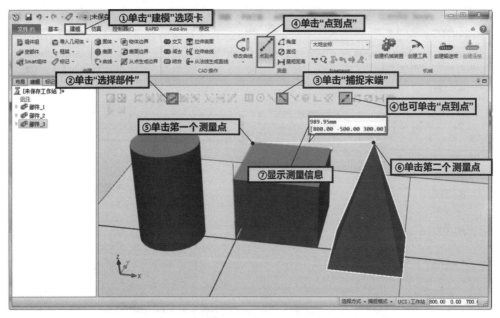

图 3-3-1 "点到点"测量

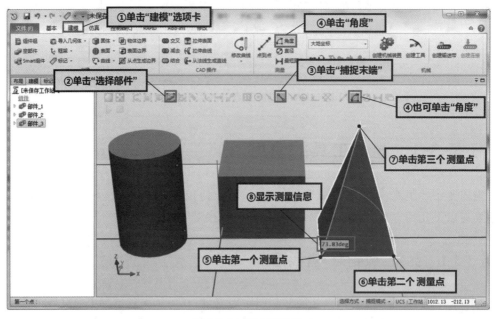

图 3-3-2 "角度"测量

任务 3-3-3 测量"直径"

测量"直径"需要用到三个点，依次选择三个点，即可显示三点确定的圆的直径信息，如图 3-3-3 所示。

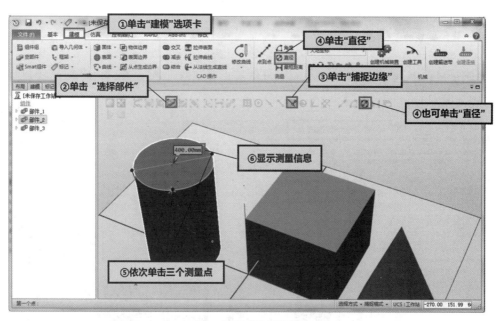

图 3-3-3　"直径"测量

任务 3-3-4　测量"最短距离"

"最短距离"测量,可以实现两个对象的直线最短距离测量,如图 3-3-4 所示。

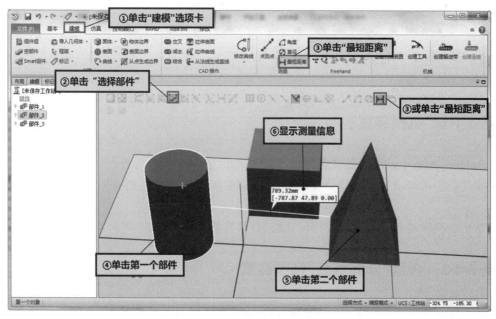

图 3-3-4　"最短距离"测量

任务 3-3-5 保持测量

在测量过程中，如果需要保存前面测量结果以便后续工作查看，可使用"保持测量"功能，如图 3-3-5 所示。

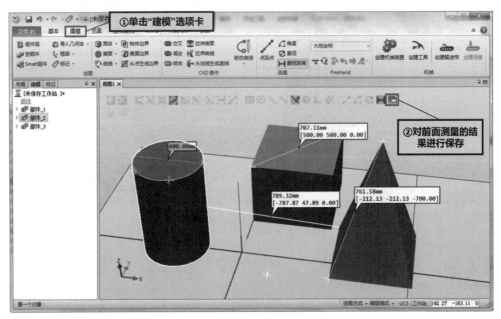

图 3-3-5 "保持测量"的应用

任务 3-4 创建机械装置

任务 3-4-1 机械装置

RobotStudio 中的机械装置是由若干机械零件装在一起的装置，通过设置其机械特性能够实现相应的运动。机械装置能够使工作站在离线仿真时更加完美地展示真实工作站情景。

常用的机械装置有输送带、滑台、气缸、活塞及各类夹具等。

任务 3-4-2 创建"伸缩气缸"机械装置

在装配工作站中，装配位中间用到四个气缸，在零件进行装配之前，用"气缸"机械装置的伸出和缩回功能对零件进行二次定位，然后再用机器人在定位位上将工件取走并进行装配。本节内容主要讲解"伸缩气缸"机械装置的创建过程。装配工作站如图 3-4-1 所示。

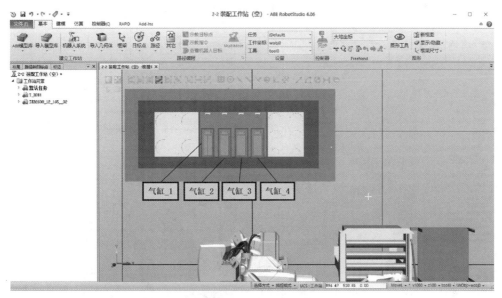

图 3-4-1 装配工作站

1. 打开"3-1 装配工作站.rsstn"工作站

打开"3-1 装配工作站.rsstn"(扫描此处二维码,可下载"源文件"—"任务 3 源文件"文件夹里面的"3-1 装配工作站.rsstn"文件)工作站,如图 3-4-2 所示,在"3-1 装配工作站.rsstn"工作站中,气缸位置只有"气缸"和"气缸推杆"两个部件。

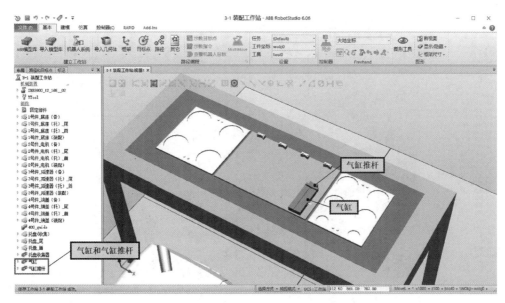

图 3-4-2 打开"3-1 装配工作站.rsstn"工作站

2. 创建机械装置

"气缸"机械装置可实现"气缸推杆"的"伸出"和"缩回"动作,其中"气缸"作为固定部件不动,只有"气缸推杆"可往复运动。

(1)创建机械装置。创建一个"设备"类型的"气缸"机械装置,如图 3-4-3 所示。

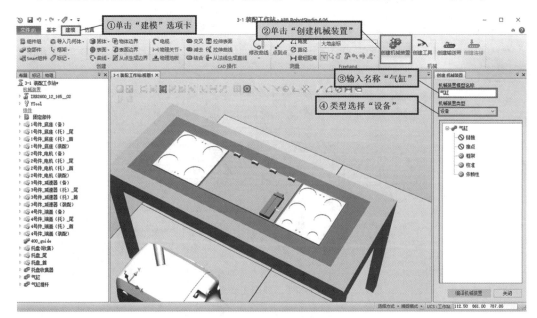

图 3-4-3　创建机械装置并修改名称和类型

(2)添加"链接"。添加 2 个"链接","气缸"作为"L1"且为"BaseLink"固定不动的"链接","气缸推杆"作为"L2",如图 3-4-4～图 3-4-6 所示。

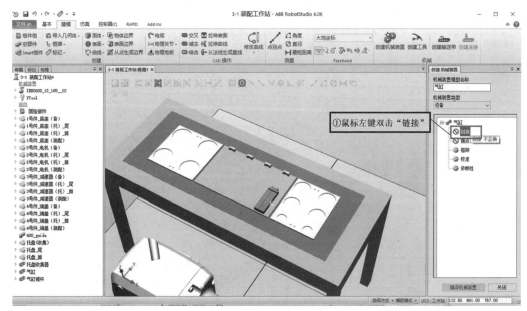

图 3-4-4　双击"链接"

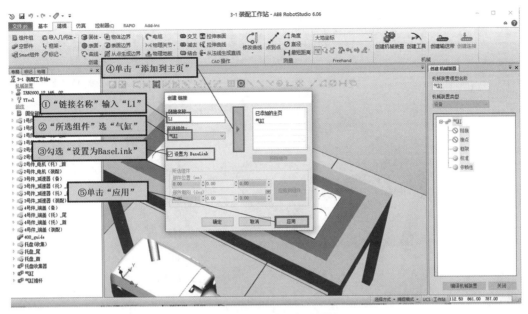

图 3-4-5　添加第一个"链接"

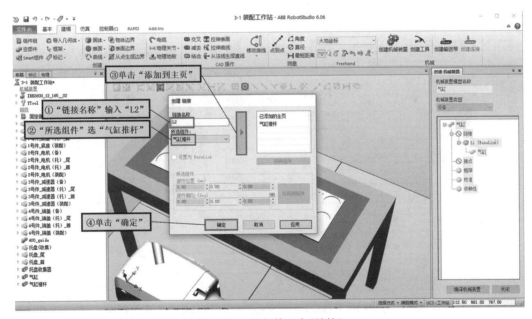

图 3-4-6　添加第二个"链接"

（3）添加"接点"。添加一个"往复运动"的"接点"，实现"气缸推杆"的"伸出"和"缩回"动作，如图 3-4-7 和图 3-4-8 所示。

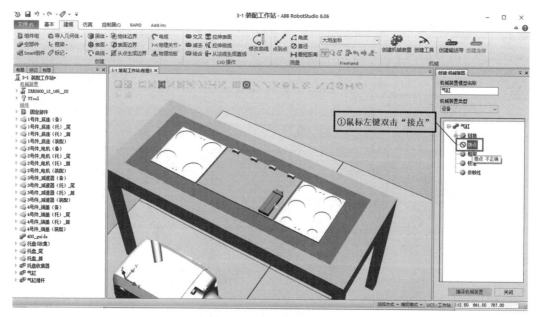

图 3-4-7 双击"接点"

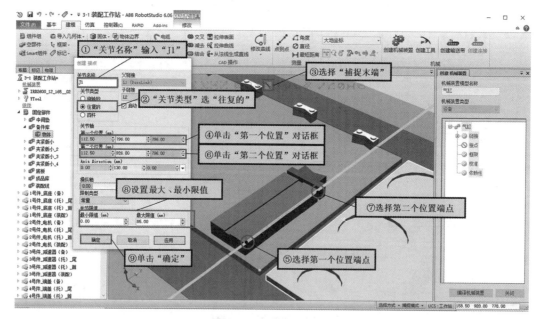

图 3-4-8 设置接点"J1"

（4）添加"伸出"和"缩回"姿态。添加 2 个"姿态"，分别是"伸出"和"缩回"姿态，如图 3-4-9～图 3-4-13 所示。

（5）设置各姿态之间的转换时间。设置各姿态之间的转换时间为 1 s，如图 3-4-14～图 3-4-16 所示。

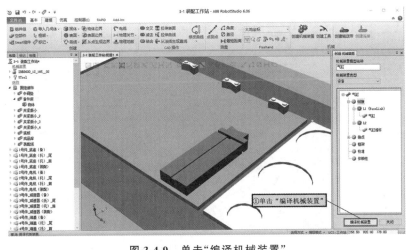

图 3-4-9　单击"编译机械装置"

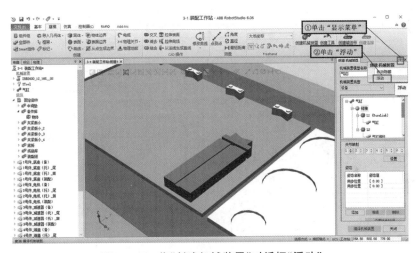

图 3-4-10　将"创建机械装置"对话框"浮动"

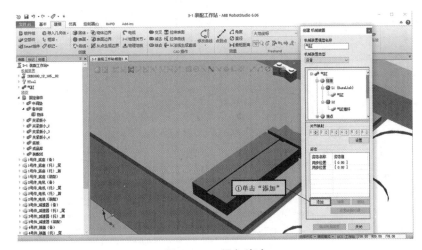

图 3-4-11　添加姿态

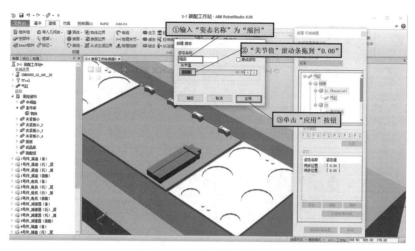

图 3-4-12　创建"缩回"姿态

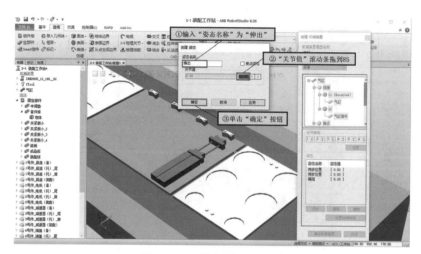

图 3-4-13　创建"伸出"姿态

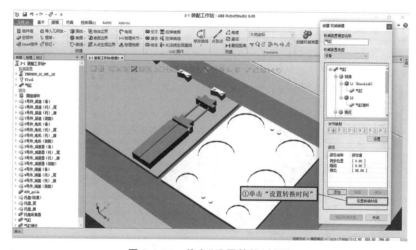

图 3-4-14　单击"设置转换时间"

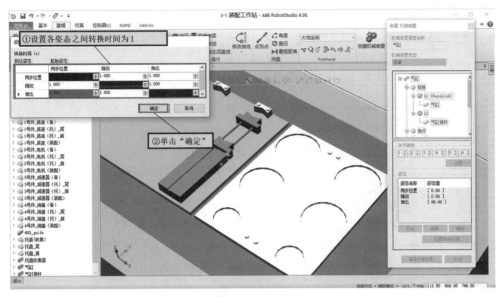

图 3-4-15　设置各姿态之间的转换时间

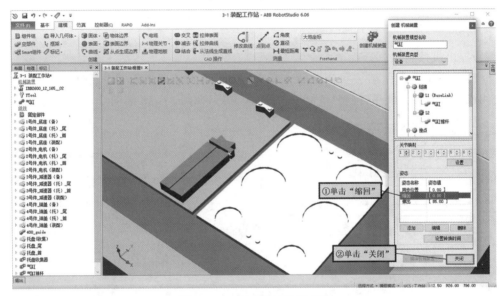

图 3-4-16　创建机械装置完成

3.手动运行"气缸"机械装置关节

"气缸"机械装置创建完成后,可以通过"手动关节"方式,移动"气缸推杆",以验证机械装置创建效果。用鼠标左键拖拽"气缸推杆",关节轴"J1"可以在 0 到 85 之间移动。若能正确移动"气缸推杆",则机械装置创建成功;若不能正确移动"气缸推杆",则机械装置创建不成功,如图 3-4-17 所示。

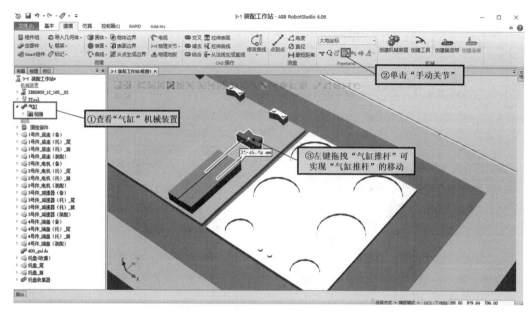

图 3-4-17　手动移动"气缸推杆"

4.导出和导入机械装置

（1）导出机械装置。

"气缸"创建完成后，在左侧浏览器中显示"气缸"机械装置。为了以后创建类似工作站时使用或共享给他人使用，可将"气缸"保存为库文件，如图 3-4-18 和图 3-4-19 所示。

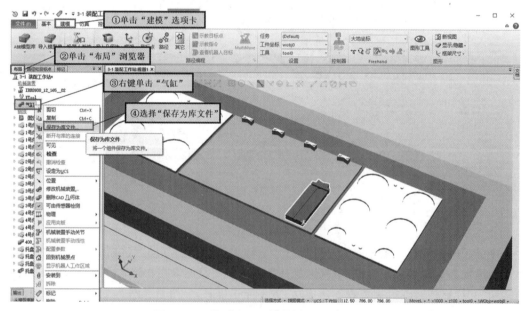

图 3-4-18　将"气缸"机械装置保存为库文件

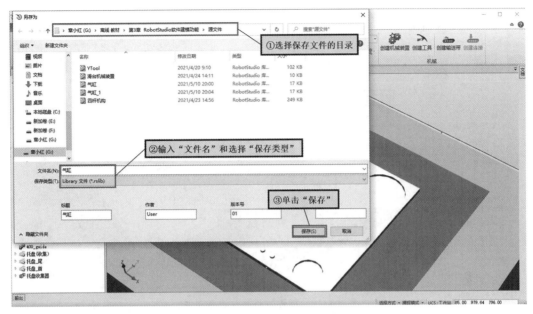

图 3-4-19 选择保存路径和类型

（2）导入库文件。

若在工作站中需要用到其他库文件，可以通过选择"用户库"或"浏览库文件"方式导入已保存的库文件，如图 3-4-20～图 3-4-22 所示。导入的库文件，一定要"断开与库的连接"，不然工作站拷贝到其他计算机上使用时，会提示找不到库文件，从而导致工作站打不开。

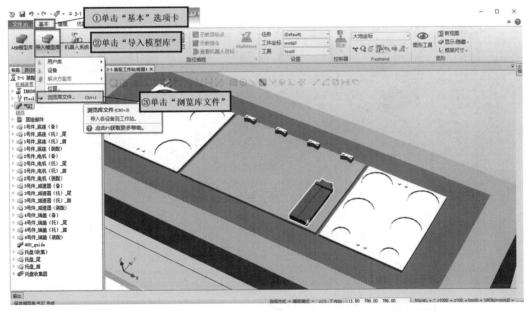

图 3-4-20 单击"浏览库文件"

图 3-4-21　打开需要导入的库文件

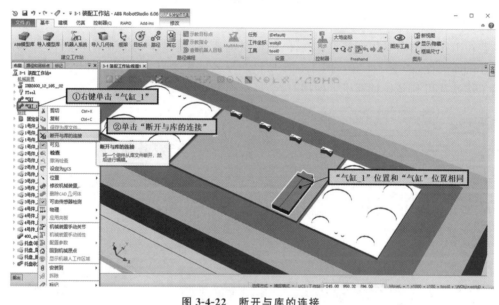

图 3-4-22　断开与库的连接

（3）设置 4 个气缸位置。

本工作站共需要 4 个气缸，再导入 2 个气缸，并对 4 个气缸进行重命名，然后设定 4 个气缸的位置，如图 3-4-23～图 3-4-27 所示。

任务 3-4-3　创建"四杆机构机械装置"

本节讲解"四杆机构机械装置"的创建过程。"四杆机构机械装置"由四个连杆组成，其中一个构件固定不动，一个源动件可以做旋转运动，其他两个构件随着源动件的运动而运动。

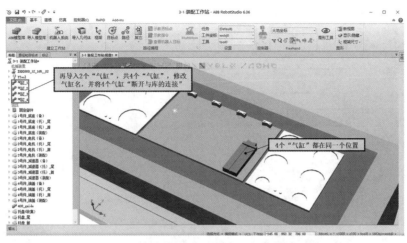

图 3-4-23　继续导入 2 个"气缸"并修改气缸名字

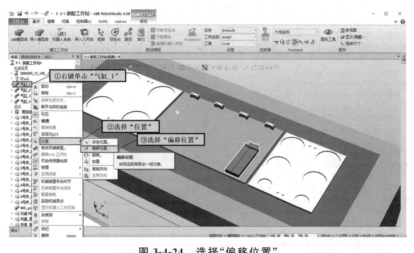

图 3-4-24　选择"偏移位置"

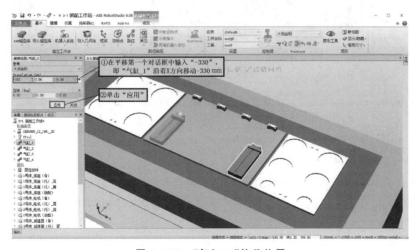

图 3-4-25　"气缸_1"偏移位置

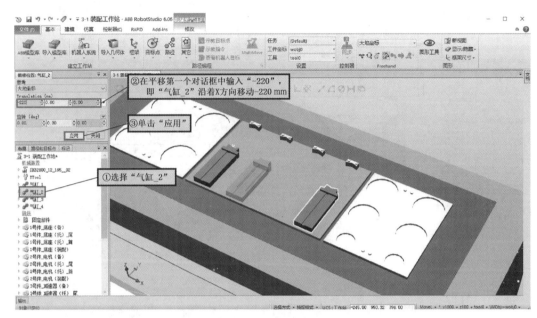

图 3-4-26 "气缸_2"偏移位置

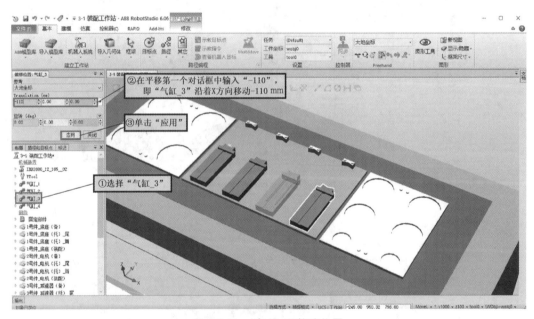

图 3-4-27 "气缸_3"偏移位置

1.打开"四杆机构工作站"

这里四杆机构模型已创建完成，打开"3-2 四杆机构工作站.rsstn"（扫描此处二维码，可下载"源文件"—"任务3 源文件"文件夹里面的"3-2 四杆机构工作站.rsstn"文件），如图 3-4-28 所示。

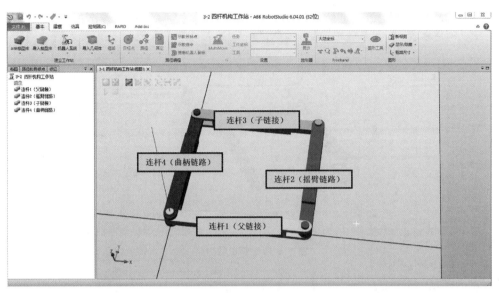

图 3-4-28　四杆机构工作站

2. 创建"四杆机构机械装置"

（1）创建机械装置。

创建机械装置，并将机械装置命名为"四杆机构机械装置"，"机械装置类型"选择为"设备"，如图 3-4-29 所示。

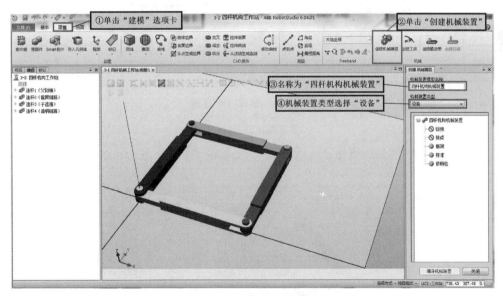

图 3-4-29　创建机械装置

（2）添加"链接"。

添加 4 个"链接"，"连杆 1（父链接）"作为"L1"且为"BaseLink"固定不动的"链接"，"连杆 2（摇臂链路）"作为"L2"，"连杆 3（子链接）"作为"L3"，"连杆 4（曲柄链路）"作为"L4"，如图 3-4-30～图 3-4-34 所示。

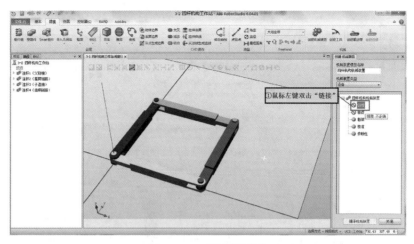

图 3-4-30　双击"链接"

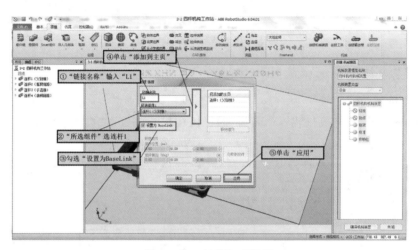

图 3-4-31　创建"L1"链接

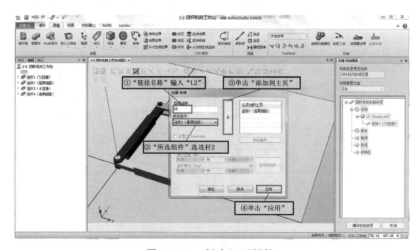

图 3-4-32　创建"L2"链接

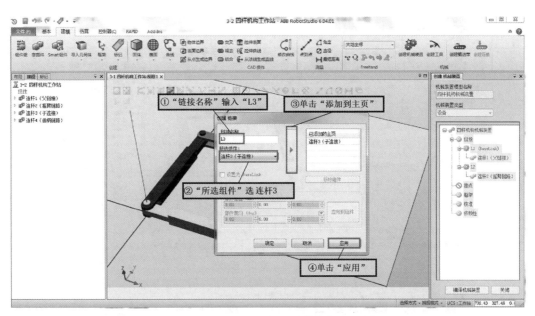

图 3-4-33 创建"L3"链接

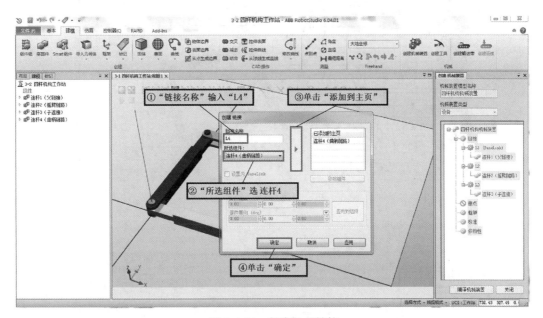

图 3-4-34 创建"L4"链接

（3）创建接点。

此处创建一个四杆类型的关节，实现一个主动关节的运动带动其他三个关节运动，接点创建如图 3-4-35 和图 3-4-36 所示。

（4）编译机械装置。

"编译机械装置"需要创建"姿态"，然后设置各姿态之间的转换时间，以便后续做运动控制，如图 3-4-37～图 3-4-45 所示。

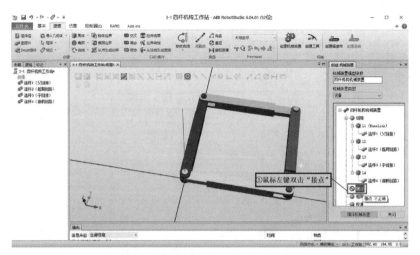

图 3-4-35　双击"接点"

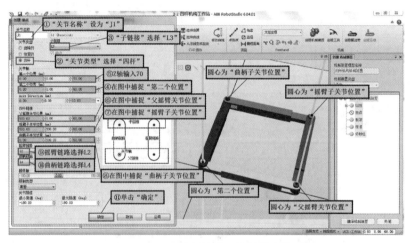

图 3-4-36　创建"四杆"类型的关节

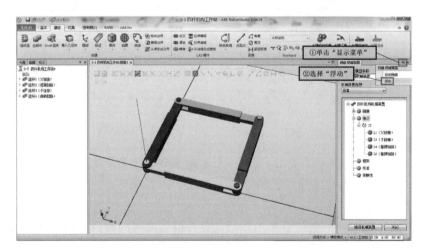

图 3-4-37　将"创建机械装置"对话框"浮动"

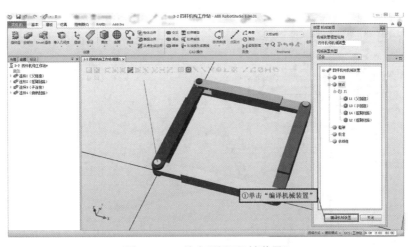

图 3-4-38 单击"编译机械装置"

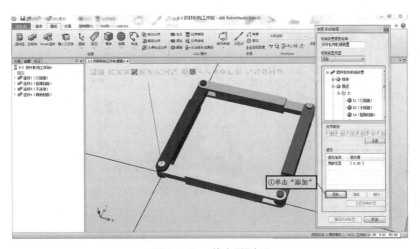

图 3-4-39 单击"添加"

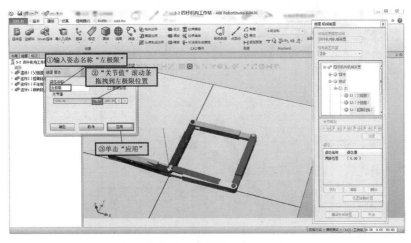

图 3-4-40 创建"左极限"姿态

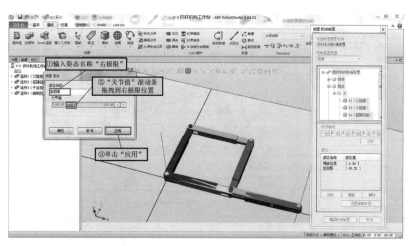

图 3-4-41　创建"右极限"姿态

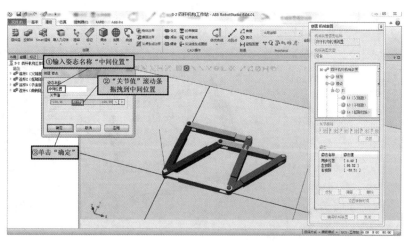

图 3-4-42　创建"中间位置"姿态

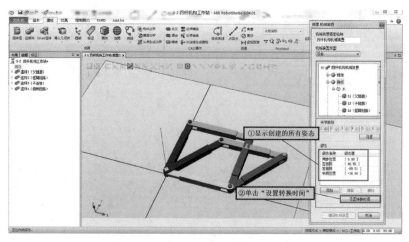

图 3-4-43　单击"设置转换时间"

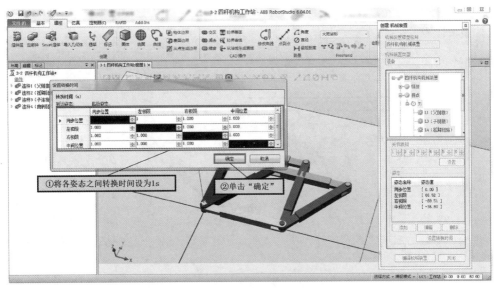

图 3-4-44 设置转换时间

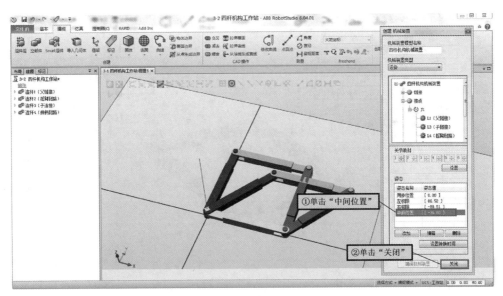

图 3-4-45 单击"关闭"

3.手动运动机械装置关节

"四杆机构机械装置"创建完成后,可以用"手动关节"方式运动关节,从而来检验四杆机构创建效果,如图 3-4-46 所示。

4.导出"四杆机构机械装置"

将"四杆机构机械装置"保存为库文件,以便后续工作站中使用,如图 3-4-47 所示。

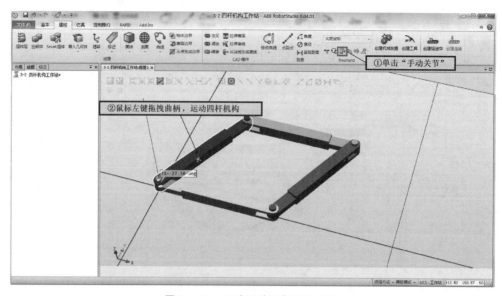

图 3-4-46　手动运动四杆机构关节

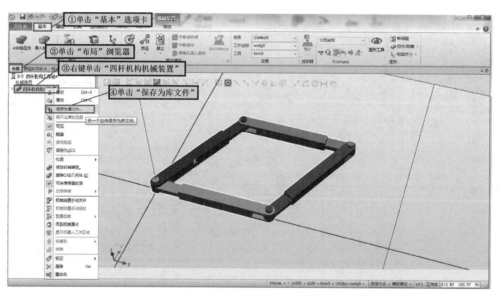

图 3-4-47　将"四杆机构机械装置"保存为库文件

拓展训练

创建一个"滑台机械装置"：

（1）模型尺寸："滑台"的长、宽、高分别为 2000 mm、150 mm、50 mm，"滑块"的长、宽、高分别为 100 mm、100 mm、20 mm，如图 3-4-48 所示。

（2）动作要求："滑块"可以在"滑台"上实现往复运动。

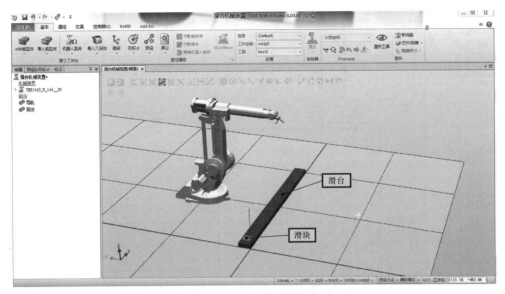

图 3-4-48　滑台机械装置

任务 3-5　创建工具

　　创建工业机器人工作站时,RobotStudio 模型库自带的工具有时无法满足用户的需求,需要用户根据工作要求自行创建机器人用的工具。

任务 3-5-1　用户工具的安装原理

　　工具一般安装在工业机器人法兰盘末端上。那么,自定义的工具法兰盘端的圆盘直径和螺栓孔径等尺寸应跟法兰盘末端尺寸一致,并保证工具安装部分坐标系跟法兰盘坐标系方向一致,同时在工具末端能自动生成工具坐标系。

　　工具安装过程的原理:工具模型的本地坐标系与机器人法兰盘坐标系重合,工具末端的工具坐标系框架即为机器人的工具坐标系。

　　(1)在工具法兰盘端创建本地坐标系框架。

　　(2)在工具末端创建工具坐标系框架。

任务 3-5-2　创建 Y 型工具

1. 导入 Y 型工具模型

　　(1)新建空工作站,并将工作站保存为"Y 型工具"。

　　(2)导入模型。导入"YTool.sat"(扫描此处二维码,可下载"源文件"—"任务 3　源文件"文件夹里面的"YTool.sat"文件)模型,如图 3-5-1 和图 3-5-2 所示。

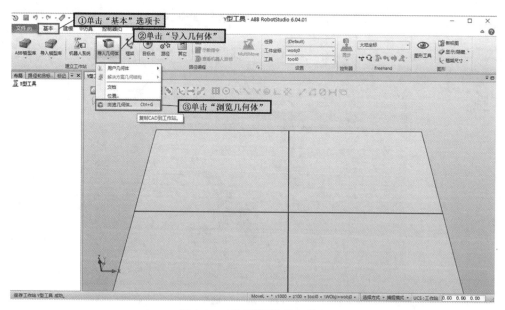

图 3-5-1 选择"浏览几何体"

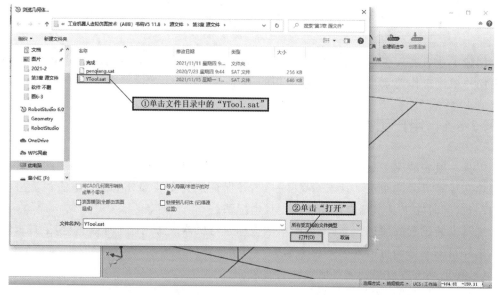

图 3-5-2 导入"YTool.sat"模型

2.调整"YTool"模型位置和姿态

将"YTool"法兰端面中心放置于大地坐标系中心（0,0,0）位置,如图 3-5-3～图 3-5-9 所示。

3.创建"框架"

在两个工具末端创建"框架",即"xipan"和"qizhua"两个工具坐标系。

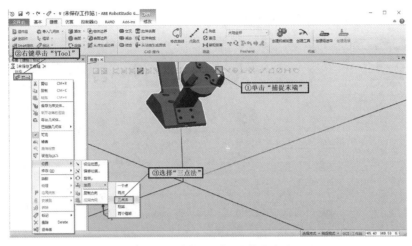

图 3-5-3 选择"三点法"放置方式

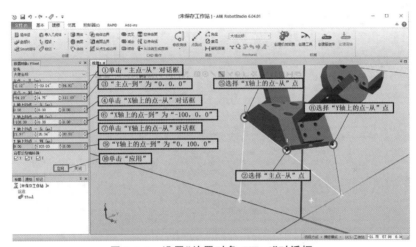

图 3-5-4 设置"放置对象:YTool"对话框

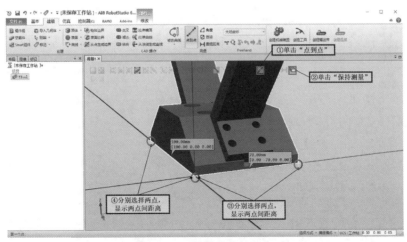

图 3-5-5 测量法兰长和宽

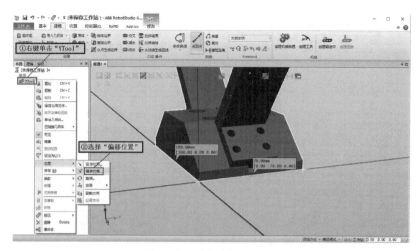

图 3-5-6　选择"偏移位置"

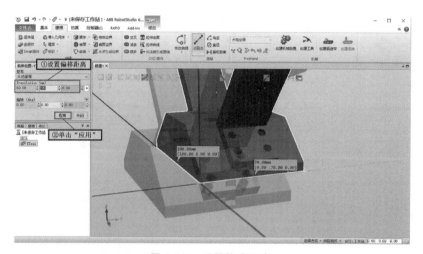

图 3-5-7　设置偏移距离

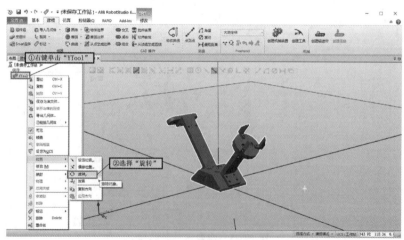

图 3-5-8　选择"旋转"

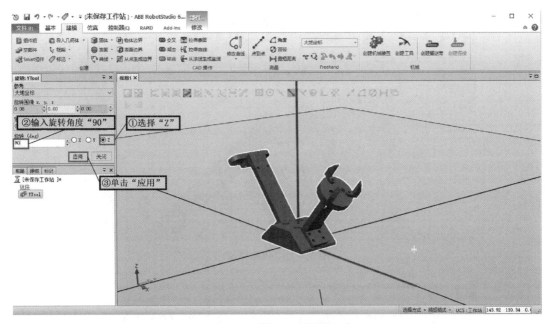

图 3-5-9 将"YTool"旋转 90°

（1）创建"框架_1"。

"框架_1"创建在"xipan"工具端面圆柱体圆心处，如图 3-5-10～图 3-5-15 所示。

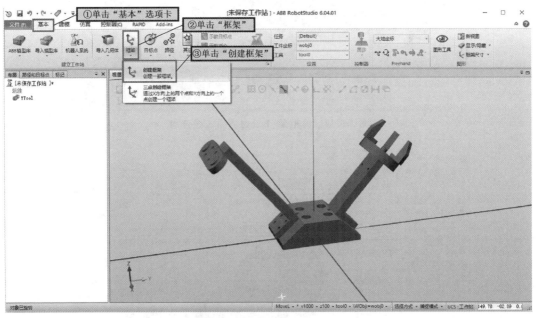

图 3-5-10 单击"创建框架"

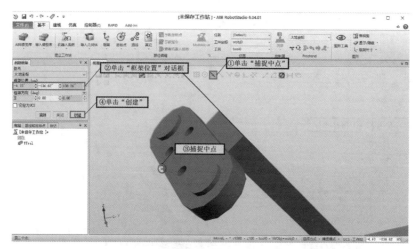

图 3-5-11　创建框架

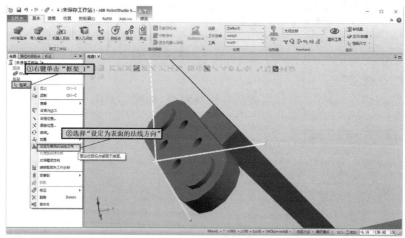

图 3-5-12　将框架_1设为表面法线方向

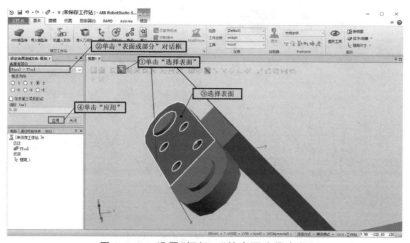

图 3-5-13　设置"框架_1"的表面法线方向

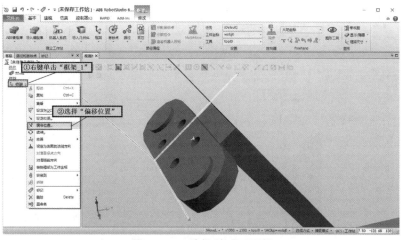

图 3-5-14　选择"偏移位置"

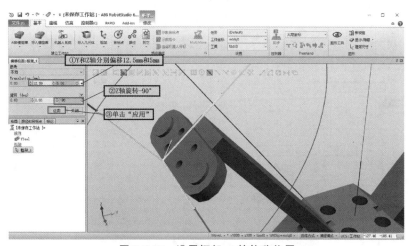

图 3-5-15　设置框架_1 的偏移位置

（2）创建"框架_2"。

"框架_2"创建在"qizhua"工具端面圆柱体圆心处，如图 3-5-16～图 3-5-21 所示。

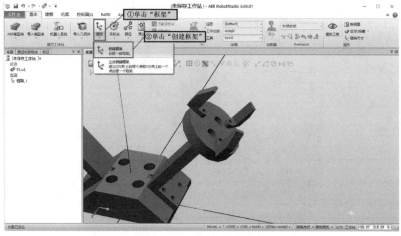

图 3-5-16　单击"创建框架"

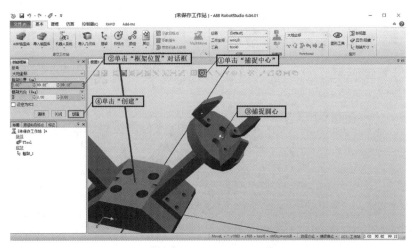

图 3-5-17　创建"框架_2"

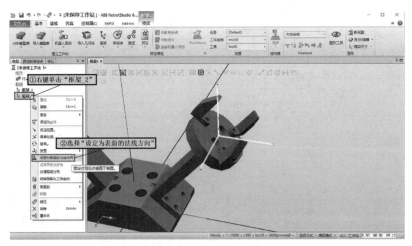

图 3-5-18　将框架_2 设为表面的法线方向

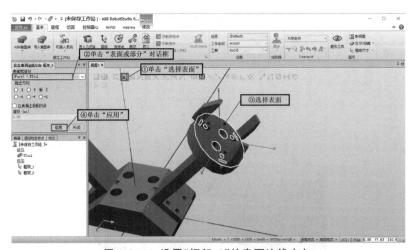

图 3-5-19　设置"框架_2"的表面法线方向

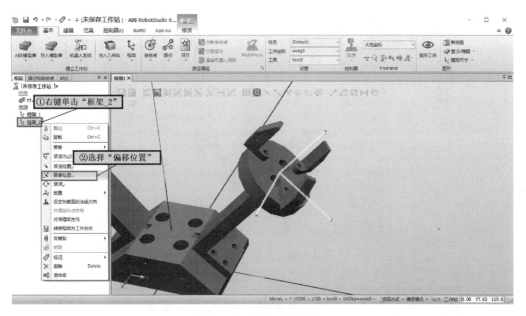

图 3-5-20　选择"偏移位置"

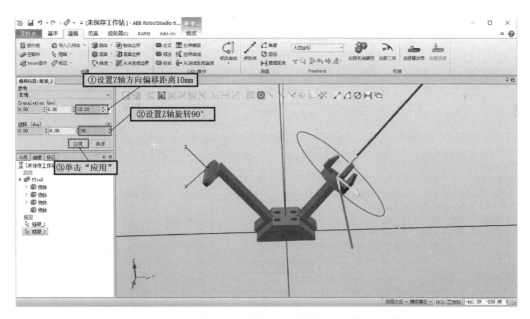

图 3-5-21　设置框架_2 的偏移位置

4.创建工具

创建带两个 TCP 的工具,如图 3-5-22~图 3-5-26 所示。

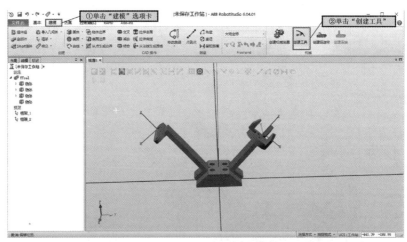

图 3-5-22　单击"创建工具"

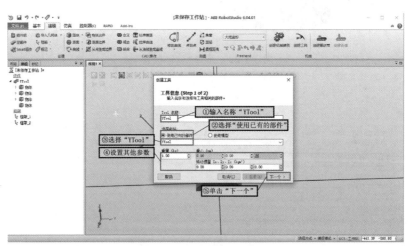

图 3-5-23　设置"工具信息"

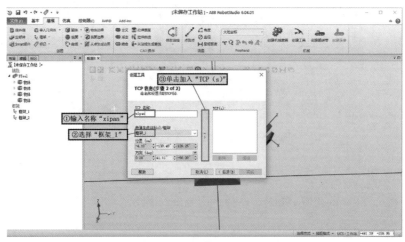

图 3-5-24　设置"xipan"TCP

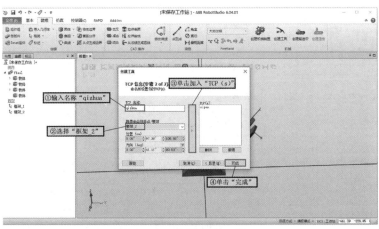

图 3-5-25　设置"qizhua"TCP

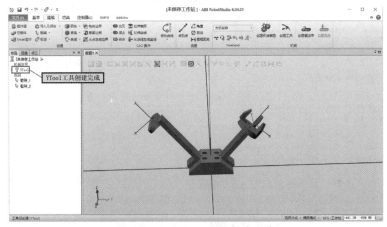

图 3-5-26　YTool 工具创建完成

5.将 YTool 工具安装到机器人末端

检测 YTool 工具创建是否正确,可将 YTool 工具安装到机器人末端,如图 3-5-27～图 3-5-30 所示。

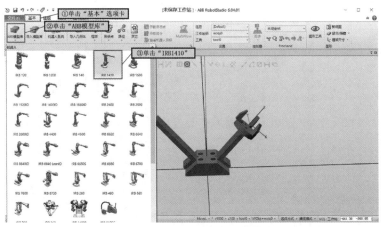

图 3-5-27　导入 IRB1410 机器人

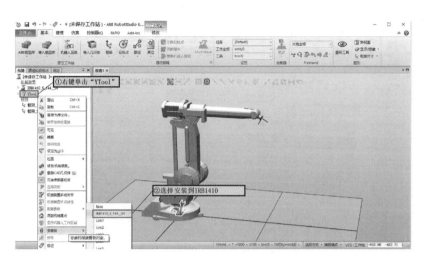

图 3-5-28 将 YTool 安装到 IRB1410 机器人上

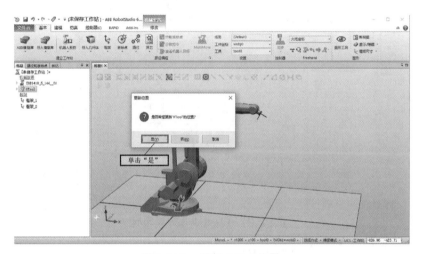

图 3-5-29 更新 YTool 位置

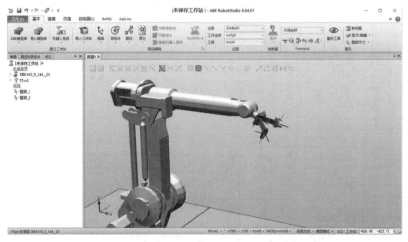

图 3-5-30 YTool 工具安装到 IRB1410 机器人末端

6. 导出"YTool"工具

将"YTool"保存为库文件，以便后续工作站中使用，如图 3-5-31 所示。

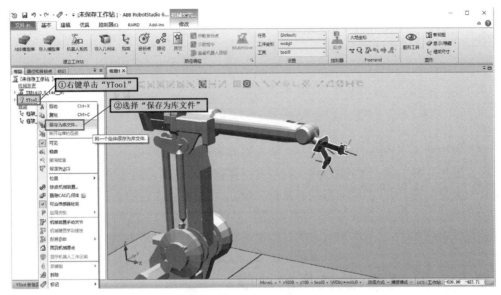

图 3-5-31 将 YTool 保存为库文件

拓展训练

创建"喷枪"工具：

(1)在源文件中，导入几何体模型"penqiang. sat"（扫描此处二维码，可下载"源文件"——"任务 3 源文件"文件夹里面的"penqiang. sat"文件）；

(2)创建"喷枪"工具。

任务 4　　工业机器人离线轨迹编程

在工业机器人工作站的加工过程中,常会遇到各种各样的复杂的不规则的空间曲线加工路径。若用一般的描点法进行示教编程,对于复杂的不规则曲线来讲,取点及示教目标点将会耗费大量时间,而且拟合的路径不是很准确。

为了保证工艺精度、提高效率,可将第三方 3D 软件模型的曲线特征转换成机器人能够直接使用的轨迹曲线,然后使用由曲线自动生成轨迹的功能,得到机器人的运动轨迹。

任务 4-1　获取轨迹用的曲线

任务 4-1-1　创建系统

打开"4-1　离线编程工作站.rsstn"(扫描此处二维码,可下载"源文件"—"任务4　源文件"文件夹里面的"4-1　离线编程工作站.rsstn"文件),用"从布局"方式创建机器人系统,如图 4-1-1 所示。

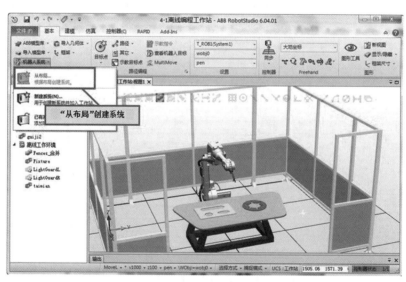

图 4-1-1　创建系统

任务 4-1-2　创建表面边界

在"建模"选项卡中,单击"表面边界",选择"捕捉表面"工具,单击"选择表面"对话框,选择工件上表面,在"选择表面"对话框中出现选择的工件表面,单击"创建"按钮,如图 4-1-2 所示。

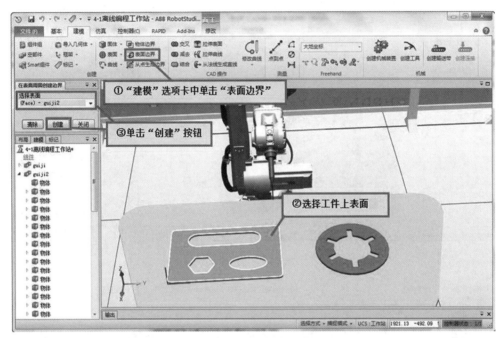

图 4-1-2　创建表面边界

任务 4-1-3　创建工件坐标系

根据生成的轨迹曲线自动生成机器人的运行轨迹。通常需要创建用户坐标系以方便进行编程以及路径修改,所以创建以下用户坐标系。

(1)在"基本"选项卡的"路径编程"功能区,左键单击"其它"菜单下的"创建工件坐标",如图 4-1-3 所示。

(2)在左侧"创建工件坐标"对话框中,修改工件坐标名称,在"用户坐标框架"的"取点创建框架"下拉列表中选择"三点",如图 4-1-4 所示。

(3)选择"捕捉末端"工具,按照图 4-1-5 依次捕捉三个点位,单击"Accept",单击"创建"。

(4)修改工件坐标系和工具坐标系。在"基本"选项卡的"设置"组中,选择"Wobj_pen"工件坐标系和"pen"工具坐标系,如图 4-1-6 所示。

(5)在软件右下角运动指令设定栏更改参数设置,该参数影响自动路径功能产生的运动指令,如运动速度、转弯半径等,如图 4-1-7 所示。

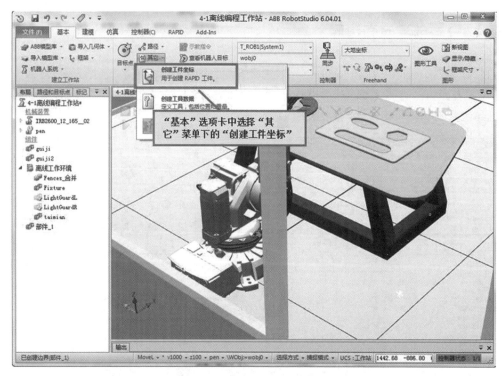

图 4-1-3　单击"创建工件坐标"

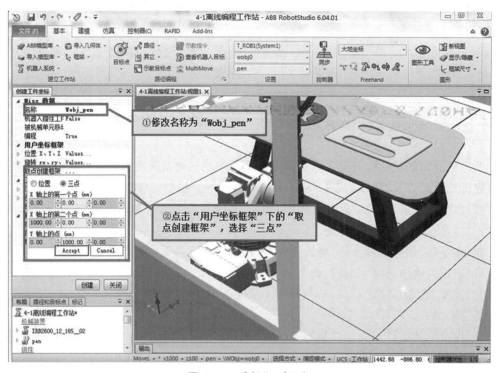

图 4-1-4　选择"三点"法

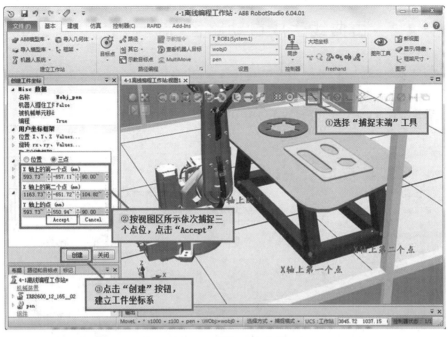

图 4-1-5　捕捉三个点位

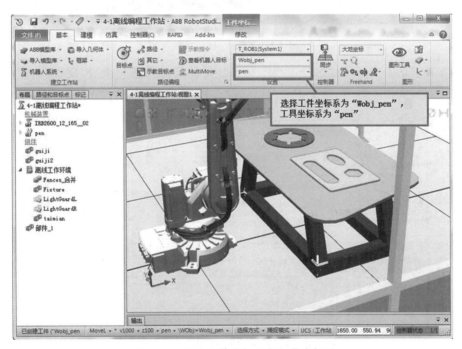

图 4-1-6　修改工件坐标系和工具坐标系

MoveL ▾ * v1000 ▾ z100 ▾ pen ▾ \WObj:= Wobj_pen ▾

图 4-1-7　更改运动指令参数

任务 4-2　由曲线生成自动路径

（1）在"基本"选项卡的"路径编程"功能区，选择"路径"—"自动路径"，如图 4-2-1 所示。

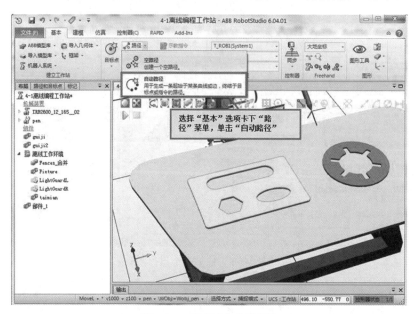

图 4-2-1　选择"自动路径"

（2）在视图区上方，单击"选择曲线"，单击环形路径的任意一条边，按着 Shift 键，依次选择所有的边，如图 4-2-2 所示。

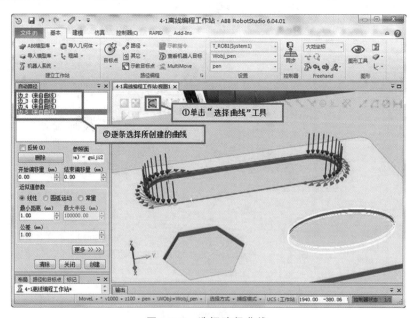

图 4-2-2　选择路径曲线

（3）在"自动路径"对话框中，单击"参照面"输入框，选择"捕捉表面"工具，单击工件表面，如图 4-2-3 所示。

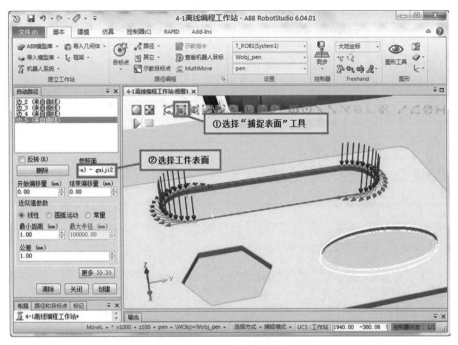

图 4-2-3　设置参照面

（4）修改自动路径其他参数，如近似值参数、最小距离、公差等，单击"创建"，如图 4-2-4 所示。

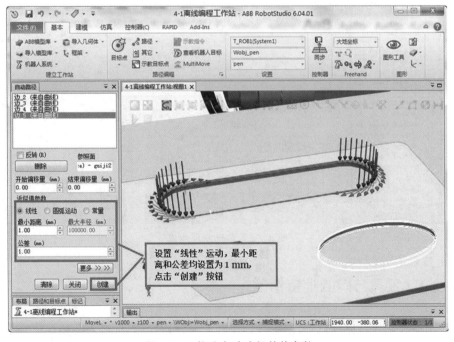

图 4-2-4　修改自动路径其他参数

"自动路径"对话框中的参数说明如表 4-2-1 所示。

表 4-2-1 "自动路径"对话框参数

选 项	用 途 说 明
反转	轨迹运行方向置反
参照面	生成的目标点 Z 轴方向与选定表面垂直
线性	为每个目标生成线性指令,圆弧作为分段线性处理
圆弧运动	在圆弧特征处生成圆弧指令,在线性特征处生成线性指令
常量	使用常量距离生成点
最小距离	设置两生成点之间的最小距离,即小于该最小距离的点将被过滤掉
最大半径	在将圆周视为直线前确定圆的半径大小,即可将直线视为半径无限大的圆
公差	设置生成点所允许的几何描述的最大偏差

(5)路径创建完毕,打开左侧窗格"路径和目标点"选项卡下的"Path_10",可以看到已经自动生成了相关机器人指令,如图 4-2-5 所示。

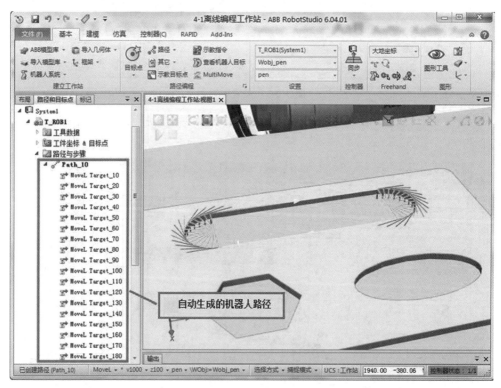

图 4-2-5　自动路径生成

任务 4-2-1　工具方向的批量修改

在自动路径生成目标点后,需确定目标点的工具姿态,因为机器人不一定能够到达自动路径生成的目标点。

（1）在调整目标点过程中，为了便于查看工具在此姿态下的效果，可以在目标点位置处右击，在弹出菜单中选择"查看目标处工具"以显示出工具，如图 4-2-6 所示。

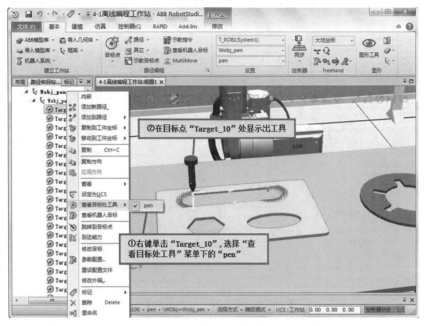

图 4-2-6　显示工具

（2）在末端工具姿态难以达到目标点时，可以通过选中目标点，右击后选择"修改目标"，单击"旋转"改变一下该目标的姿态，从而使机器人能够到达目标点，如图 4-2-7 和图 4-2-8 所示。

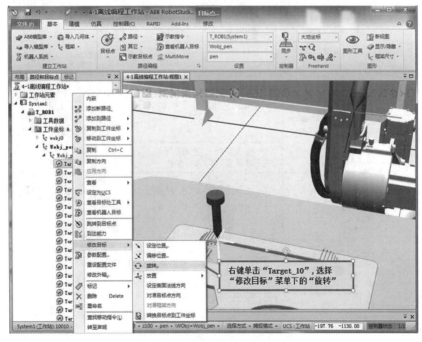

图 4-2-7　选择"修改目标"菜单

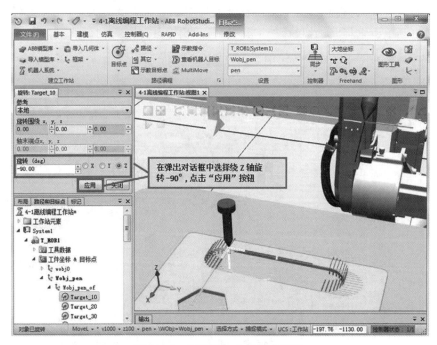

图 4-2-8　修改第一个目标点姿态

（3）修改其他目标点，可以直接批量处理，将剩余所有目标点的 X 轴方向对准已调整好姿态的目标点 Target_10 的 X 轴方向。选择其余目标点，右击后选择"修改目标"中的"对准目标点方向"，如图 4-2-9 所示。在对准目标点对话框中，参考区选择"T_ROB1/Target_10"，单击"应用"，如图 4-2-10 所示。

图 4-2-9　选择"对准目标点方向"

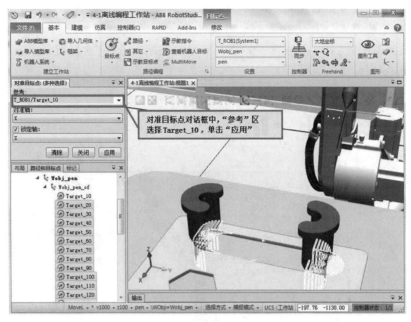

图 4-2-10　批量修改其他目标点

任务 4-2-2　轴配置

机器人顺利到达各个目标点可能还需要多个关节轴配合运动,因此需要对多个关节轴配置参数。

(1)右击目标点 Target_10,单击"参数配置",如图 4-2-11 所示。

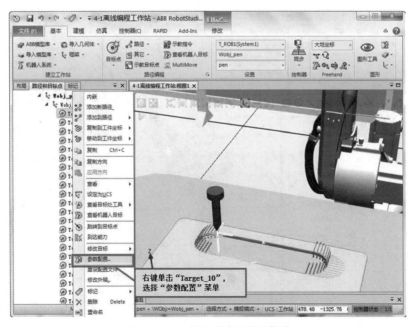

图 4-2-11　选择"参数配置"菜单

(2)在弹出的"配置参数:Target_10"对话框中选择合适的轴配置参数,单击"应用"。在选择配置时右边机器人会出现姿态变换,如图 4-2-12 所示。

提示:选择轴配置参数,应该选各关节值靠中的轴配置选项,这样机器人在运动时不容易出现关节达到限位值的问题。

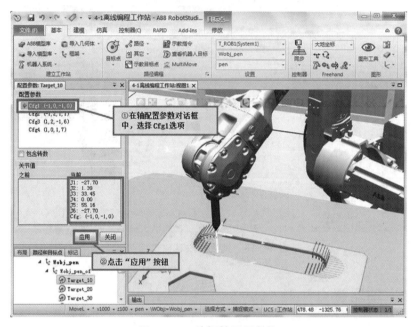

图 4-2-12　选择轴配置参数

(3)右键单击"路径与步骤"下的"Path_10",选择"配置参数"下的"自动配置",如图 4-2-13 所示。机器人将自动跑完整个路径,显示每个目标点的姿态。

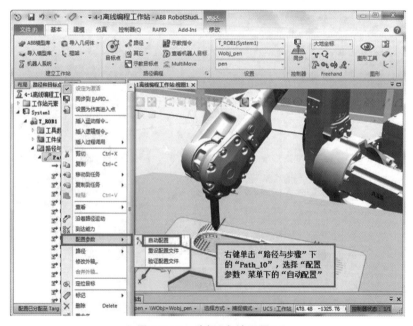

图 4-2-13　选择"自动配置"

（4）右键单击"Path_10"下的"沿着路径运动"，如图 4-2-14 所示。

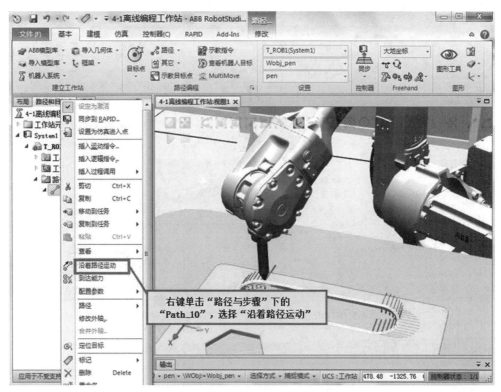

图 4-2-14　选择"沿着路径运动"

任务 4-2-3　路径完善

轨迹完成后，还需要对路径进行完善，如添加轨迹起始接近点、轨迹结束离开点等。

（1）取消视图区上方所有捕捉模式按钮，单击"基本"选项卡下"Freehand"功能区中的"手动线性"按钮，手动将机器人末端沿 Z 轴抬高一定高度，作为轨迹起始接近点和轨迹结束离开点，如图 4-2-15 所示。

（2）单击"基本"选项卡下"路径编程"功能区的"示教目标点"按钮，将该点位置保存，此时，在左侧窗格"路径和目标点"选项卡下的"Wobj_pen_of"目录树的最后面，添加了一个目标点"Target_340"，右键单击该点，在弹出菜单中选择"重命名"，将其更名为"Phome"，如图 4-2-16 所示。

（3）右键单击"Phome"点，在弹出菜单中选择"添加到路径"—"Path_10"—"〈第一〉"，此时在"Path_10"路径第一条添加一条"MoveL Phome"指令，如图 4-2-17 所示。

（4）右键单击"Phome"点，在弹出菜单中选择"添加到路径"—"Path_10"—"〈最后〉"，此时在"Path_10"路径最后一条添加一条"MoveL Phome"指令，如图 4-2-18 所示。

（5）验证路径，在左侧窗格"路径和目标点"目录下的"Path_10"上单击右键，在弹出的菜单中选择"沿着路径运动"，机器人开始按照指令运动，如图 4-2-19 所示。

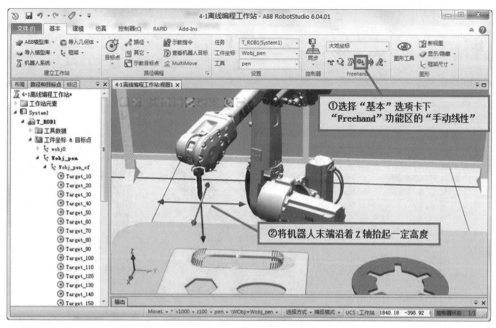

图 4-2-15　设置轨迹起始接近点和轨迹结束离开点

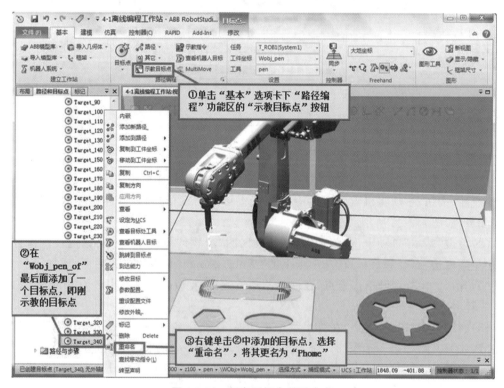

图 4-2-16　保存目标点并重命名

图 4-2-17　添加到起始点指令

图 4-2-18　添加到终止点指令

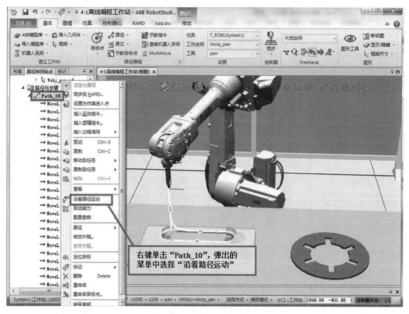

图 4-2-19　验证路径

任务 4-2-4　仿真运行

（1）在"基本"选项卡下"控制器"功能区，单击"同步"下的小三角，选择"同步到RAPID"，如图 4-2-20 所示。将弹出的对话框中的"同步"全部勾选，单击"确定"按钮，将程序同步到控制器中，如图 4-2-21 所示。

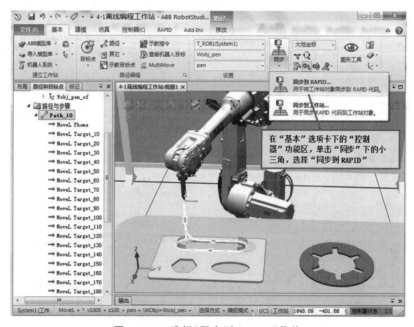

图 4-2-20　选择"同步到 RAPID"菜单

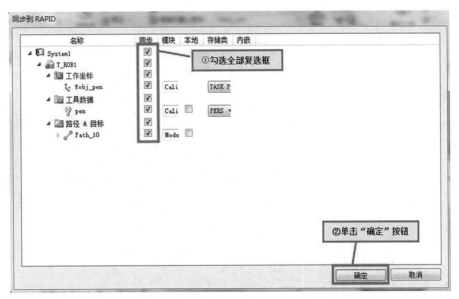

图 4-2-21　勾选选项

（2）在"仿真"选项卡下，单击"仿真设定" 按钮，在弹出的对话框中，"进入点"选择"Path_10"，单击"关闭"按钮，如图 4-2-22 所示。

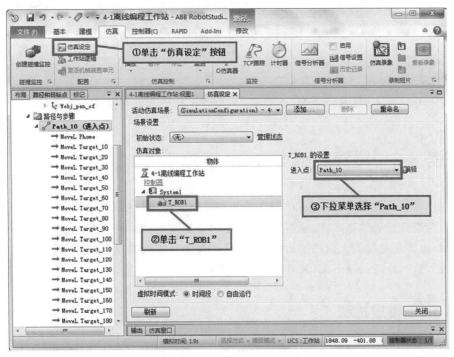

图 4-2-22　仿真设定

（3）单击"仿真"选项卡下的"播放" 按钮，机器人沿着环形轨迹运行一周，如图 4-2-23 所示。

（4）利用"仿真"选项卡中的查看录像功能便可查看到视频。

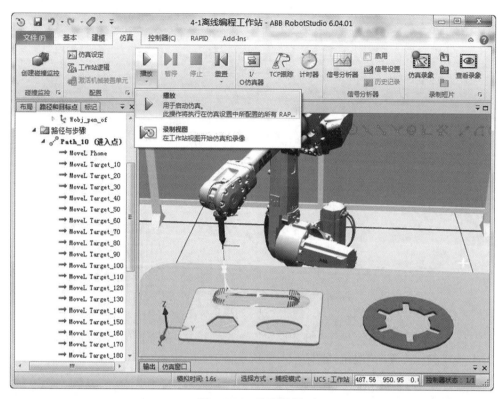

图 4-2-23　仿真运行

拓展训练

用自动路径方式,实现六边形、椭圆形、内齿轮内外轮廓以及桌面外轮廓的路径。

任务 4-3　碰撞检测与 TCP 跟踪

在工作站仿真过程中,需要对机器人运行轨迹的安全可行性进行验证,如当前机器人轨迹是否会与周边设备发生干涉、碰撞等,可以使用碰撞监控功能进行检测;此外,机器人执行完运动后,也需要对机器人轨迹进行分析,如是否能满足工艺需求,这时可通过 TCP 跟踪功能将机器人运行轨迹记录下来,用作后续分析资料。

任务 4-3-1　碰撞检测

碰撞检测是工业机器人虚拟仿真过程中必不可少的一个步骤,主要作用是验证机器人在运行过程中是否会与周边设备发生碰撞,避免机器人本体或者外围设备损坏。此外,如焊接、切割等机器人应用中,机器人工具尖端与工件表面的距离需保证在合理范围之内,既不能与工件发生碰撞,也不能距离过大,从而保证工艺需求。RobotStudio 软件提供了专门用于碰撞检测的功能,即碰撞监控,如图 4-3-1 所示。

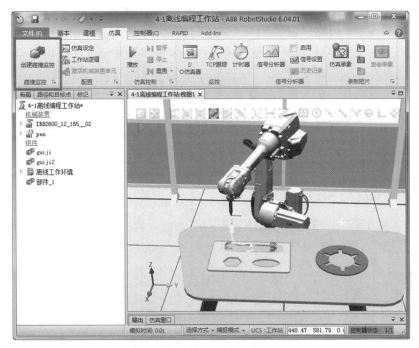

图 4-3-1　"碰撞监控"功能组

RobotStudio 软件碰撞检测的设定步骤如下：

(1)碰撞检测的创建。

单击"仿真"选项卡下的"创建碰撞监控"按钮，创建完成后，自动生成"碰撞检测设定_
1"，展开后，显示"ObjectsA"与"ObjectsB"两组对象，如图 4-3-2 所示。

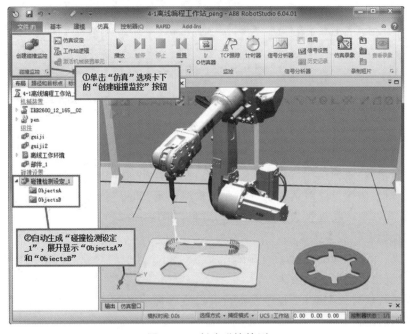

图 4-3-2　创建碰撞检测

在碰撞检测设定中,包含了"ObjectsA"和"ObjectsB"两组对象,用于将要检测的对象分别放置到两组对象中,从而可以检测两组对象之间的碰撞。若 ObjectsA 内任何对象与 ObjectsB 内任何对象发生碰撞,此碰撞将显示在图形视图里并记录在输出窗口内。用户可以在工作站内设置多个碰撞集,但每一碰撞集仅能包含两组对象。通常在工作站内为每个机器人创建一个碰撞集。对于每个碰撞集,机器人及其工具位于一组,而与之发生碰撞的所有对象位于另一组。如果机器人拥有多个工具或握住其他对象,可以将其添加到机器人的组中,也可以为这些设置创建特定碰撞集。每一个碰撞集可单独启用和停用。

(2)设置碰撞集。

本任务主要检测工具与工件之间是否发生碰撞,因此将工具与工件分别拖至两组对象"ObjectsA"和"ObjectsB"中,如图 4-3-3 所示。

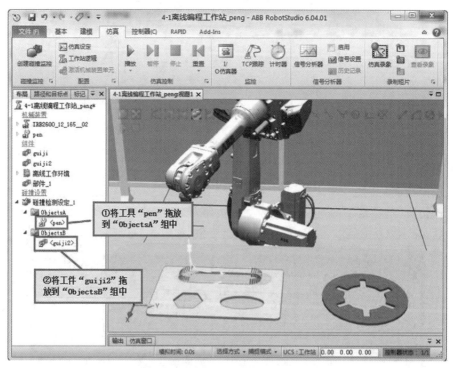

图 4-3-3　设置碰撞集

(3)碰撞监控属性设置。

在左侧窗格的"碰撞检测设定_1"上单击右键,在弹出菜单中选择"修改碰撞监控"子菜单,在出现的修改碰撞设置对话框中进行碰撞检测设定,如将"接近丢失"设置为 5 mm,"碰撞颜色"设置为红色,"接近丢失颜色"设置为黄色,如图 4-3-4 所示。

碰撞监控设定相关参数说明:

接近丢失:除了碰撞之外,如果 ObjectsA 与 ObjectsB 中的对象之间的距离在指定范围内,则碰撞检测也能观察接近丢失。

碰撞颜色与接近丢失颜色:程序在运行时发生碰撞或者处于设定的"接近丢失"范围内时所突出显示的颜色。

图 4-3-4　碰撞监控属性设置

（4）查看碰撞监控效果。

执行仿真，初始接近过程中，工具和工件都是初始颜色；当工具距离工件小于 5 mm 时，工具及工件颜色均变为设定的黄色；当工具与工件发生碰撞时，工具及工件颜色均变为设定的红色，如图 4-3-5 和图 4-3-6 所示。

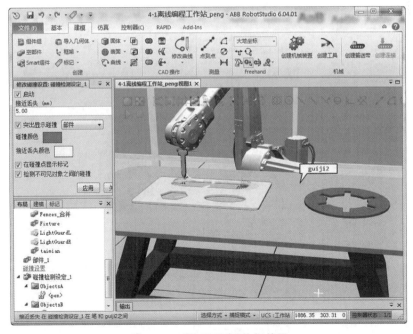

图 4-3-5　"接近丢失"执行效果

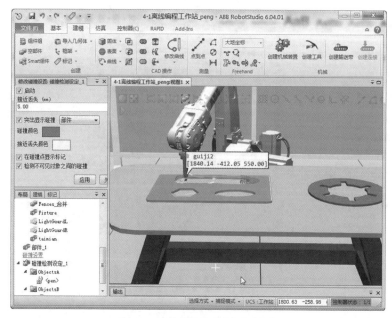

图 4-3-6 "碰撞监控"执行效果

任务 4-3-2 TCP 跟踪

在仿真机器人运动过程中,经常需要观察机器人运动轨迹,以便对运动轨迹的适合与否进行判断。操作步骤如下:

(1)关闭"碰撞监控"。关闭"碰撞监控",如图 4-3-7 所示。

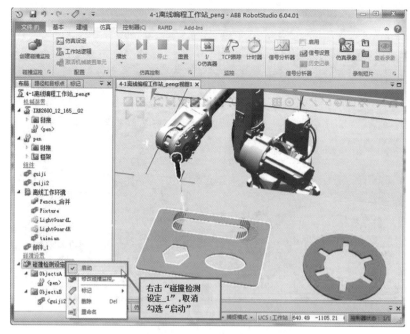

图 4-3-7 关闭"碰撞监控"

（2）打开 TCP 跟踪。单击"仿真"选项卡下"监控"功能区中的"TCP 跟踪"按钮，在左侧窗格显示"TCP 跟踪"对话框，如图 4-3-8 所示。

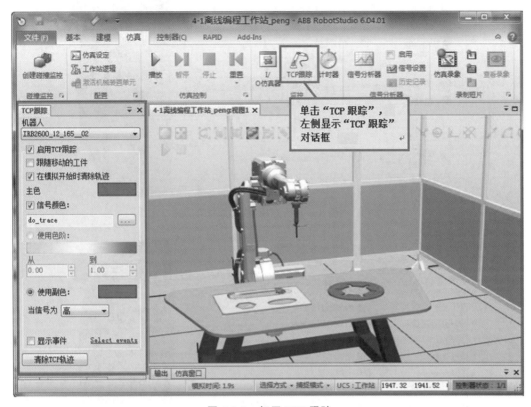

图 4-3-8　打开 TCP 跟踪

（3）建立信号。建立一个数字输出信号 do_trace 用于控制打开、关闭 TCP 跟踪。具体操作步骤如图 4-3-9 至图 4-3-14 所示。

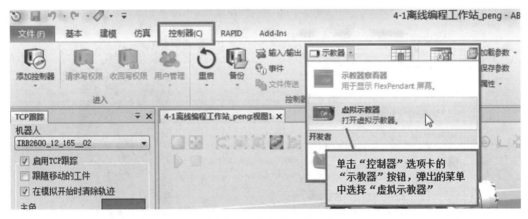

图 4-3-9　打开虚拟示教器

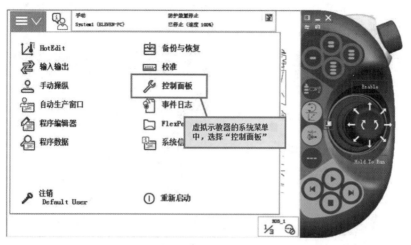

图 4-3-10　选择"控制面板"

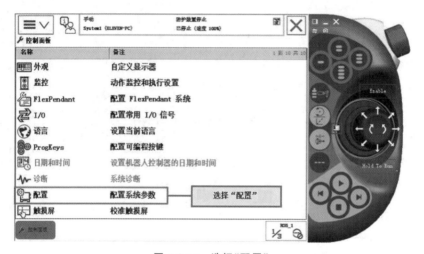

图 4-3-11　选择"配置"

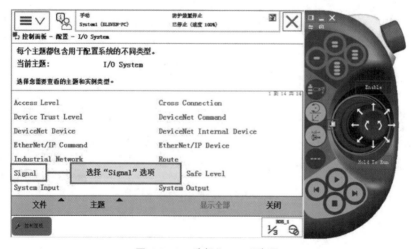

图 4-3-12　选择"Signal"选项

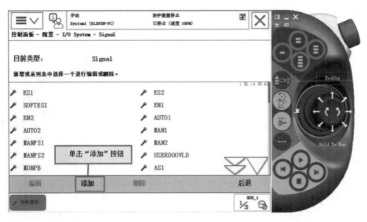

图 4-3-13　单击"添加"按钮

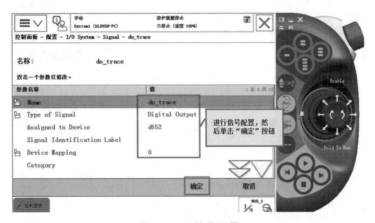

图 4-3-14　信号配置

（4）进行"TCP 跟踪"设置，如图 4-3-15 所示。

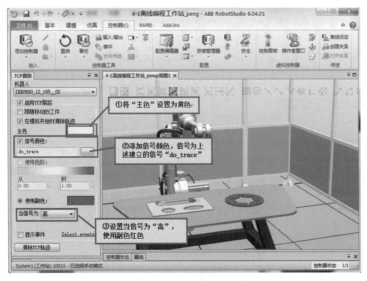

图 4-3-15　TCP 跟踪设置

(5)编写程序。将前面雕刻程序进行少许修改,加入用于控制 TCP 跟踪的信号,程序如图 4-3-16 所示。

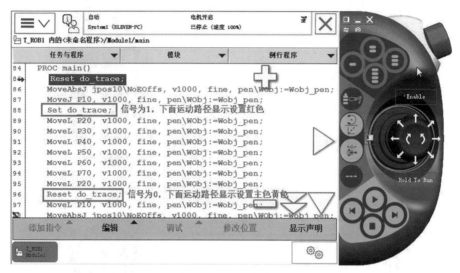

图 4-3-16　程序编写

(6)测试运行。运行后,显示右侧窗格中的路径,如图 4-3-17 所示。

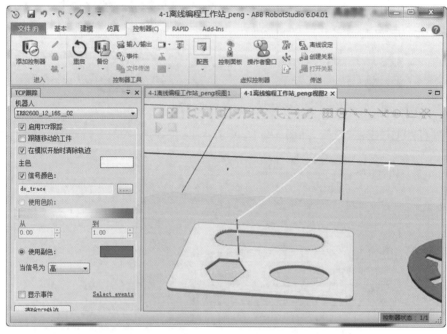

图 4-3-17　运行测试

任务 5　基于事件管理器的"气缸"往复运动及搬运任务实现

RobotStudio 6.04 对于运动机构的控制提供了两种方案：①基于事件管理器控制运动机构；②基于 Smart 组件控制运动机构。二者中前者配置简单，但是控制效果不佳；后者配置复杂，但是控制效果逼真。本任务主要介绍基于事件管理器的运动控制，Smart 组件控制方法后续将会介绍到。

任务 5-1　"气缸"往复运动的实现

本实例是用事件管理器实现"气缸"在不同姿态之间的运动。本例中，用一个数字输出信号"do1"的 0 和 1 状态，控制"气缸"的"缩回"和"伸出"。

任务 5-1-1　打开"装配工作站"

打开"5-1　装配工作站.rspag"（扫描此处二维码，可下载"源文件"—"任务 5　源文件"文件夹里面的"5-1　装配工作站.rspag"文件），如图 5-1-1 所示。

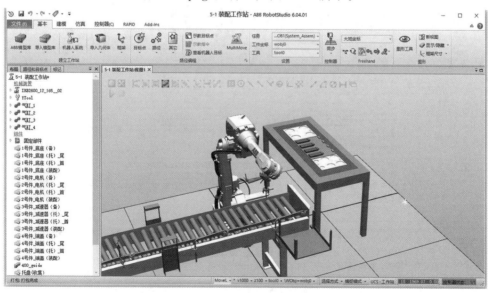

图 5-1-1　"5-1　装配工作站.rspag"

任务 5-1-2　创建机器人系统的 I/O 信号

本例中有 4 个气缸，每个气缸需要创建一个数字输出信号来控制其伸出和缩回两种状态，所以需要创建 4 个数字输出信号 do1、do2、do3 和 do4。

1. 创建数字输出信号 do1

创建数字输出信号"do1"用来控制"气缸_1"的"气缸推杆"在"伸出"和"缩回"之间的往复运动，创建过程如图 5-1-2～图 5-1-5 所示。

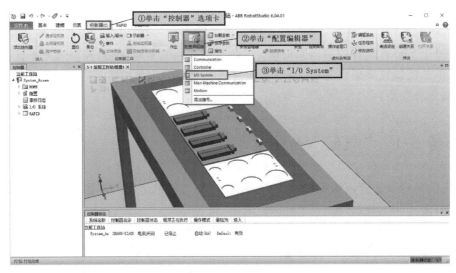

图 5-1-2　单击"I/O System"

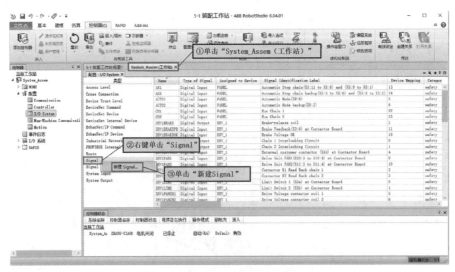

图 5-1-3　单击"新建 Signal"

图 5-1-4　设置信号名称和信号类型

图 5-1-5　单击"确定"

2. 继续创建其他三个数字输出信号

参考"创建数字输出信号 do1"的方法,继续创建三个数字输出信号,如图 5-1-6 所示。

3. "重启"控制器系统

数字输出信号创建完成后,需要重新启动控制器,新创建的信号才能生效,如图 5-1-7 和图 5-1-8 所示。

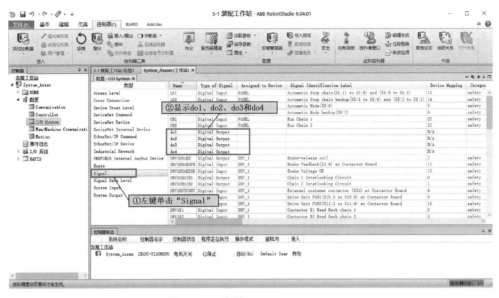

图 5-1-6　查看 do1、do2、do3、do4

图 5-1-7　重启控制器系统

任务 5-1-3　创建气缸的伸出和缩回事件

本例主要通过事件管理器实现四个气缸在"伸出"和"缩回"之间运动，每个气缸需要添加两个事件：

"事件 1"，当"do1＝1"时，"气缸_1"的推杆运动到"伸出"状态；

"事件 2"，当"do1＝0"时，"气缸_1"的推杆运动到"缩回"状态。

图 5-1-8 单击"确定"按钮

1. 添加一个"将机械装置移至姿态"的事件

添加"事件 1","do1＝1"时"气缸_1"的推杆运动到"伸出"状态,如图 5-1-9～图 5-1-13 所示。

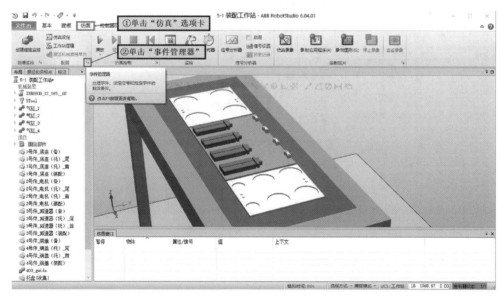

图 5-1-9 单击"事件管理器"

2. 继续添加"将机械装置移至姿态"的事件

参考"添加一个'将机械装置移至姿态'的事件"的方法,继续添加 7 个事件,分别是:

do1＝0 时,"气缸_1"的推杆"缩回";

do2＝1 时,"气缸_2"的推杆"伸出";

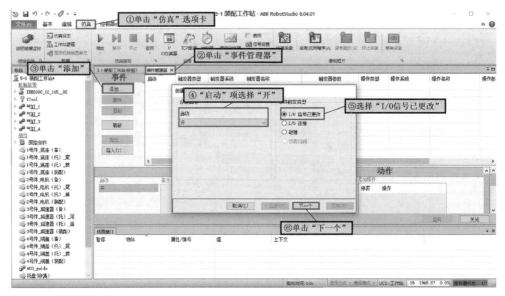

图 5-1-10　添加事件

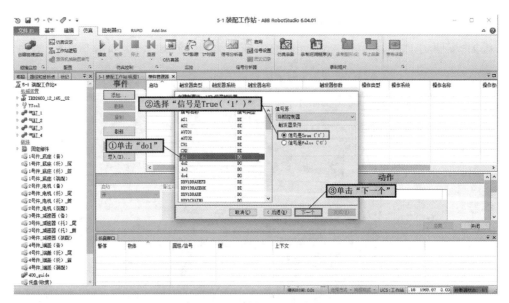

图 5-1-11　选择 I/O 触发器

do2＝0 时，"气缸_2"的推杆"缩回"；

do3＝1 时，"气缸_3"的推杆"伸出"；

do3＝0 时，"气缸_3"的推杆"缩回"；

do4＝1 时，"气缸_4"的推杆"伸出"；

do4＝0 时，"气缸_4"的推杆"缩回"。

事件创建完成如图 5-1-14 所示。

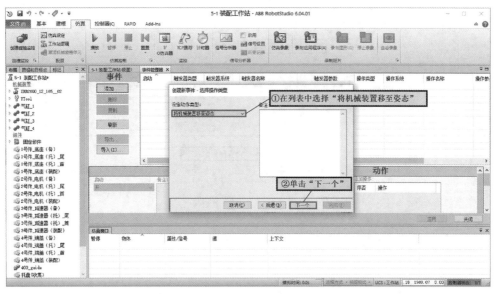

图 5-1-12　选择"将机械装置移至姿态"

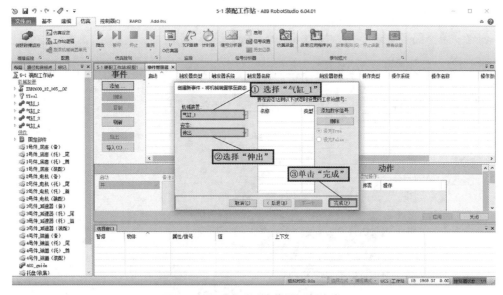

图 5-1-13　选择"机械装置"和"姿态"

任务 5-1-4　创建气缸伸出和缩回的运动路径

创建一条空路径,实现四个气缸依次实现"伸出-缩回"动作。每个气缸在伸出和缩回之间运动时,需要在"伸出"到"缩回"之间,即"SetDO do1 1"和"SetDO do1 0"两个逻辑指令之间添加"WaitTime"逻辑指令,且"WaitTime"的值要大于或等于气缸机械装置从"伸出"到"缩回"两姿态之间的转换时间。

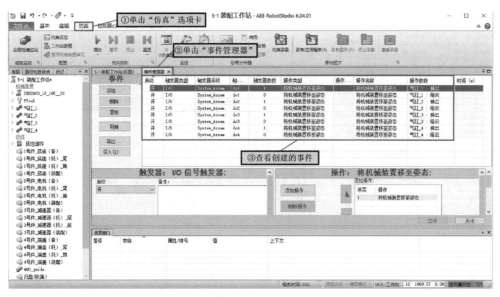

图 5-1-14　查看事件

1.创建空路径

创建一条空路径"Path_10"，如图 5-1-15 所示。

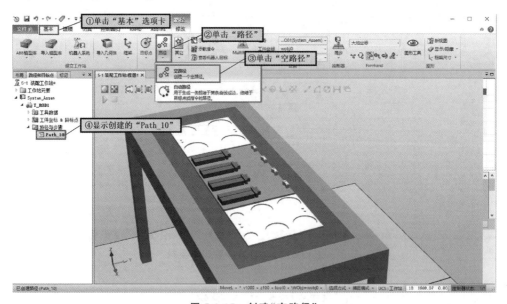

图 5-1-15　创建"空路径"

2.插入逻辑指令"SetDO do1 1"

在"Path_10"路径中插入一条逻辑指令"SetDO do1 1"，"气缸_1"的推杆"伸出"，如图 5-1-16 和图 5-1-17 所示。

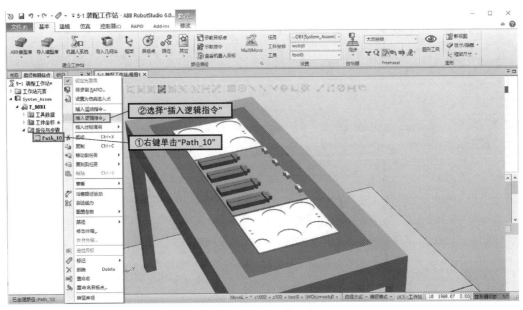

图 5-1-16　选择"插入逻辑指令"

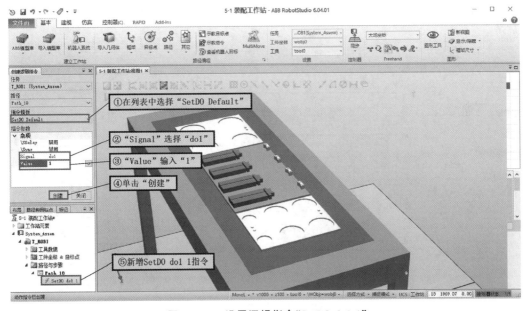

图 5-1-17　设置逻辑指令"SetDO do1 1"

3.插入逻辑指令"WaitTime 1.5"

为了能让"气缸_1"从"伸出"姿态完全回到"缩回"姿态,在插入"SetDO do1 0"之前,添加一条逻辑指令"WaitTime 1.5","WaitTime"指令的值需大于或等于"伸出"姿态到"缩回"姿态之间的转换时间。

在"SetDO do1 1"后面,插入逻辑指令"WaitTime 1.5",如图 5-1-18 和图 5-1-19 所示。

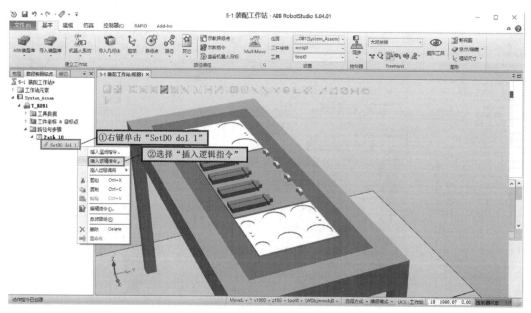

图 5-1-18　选择"插入逻辑指令"

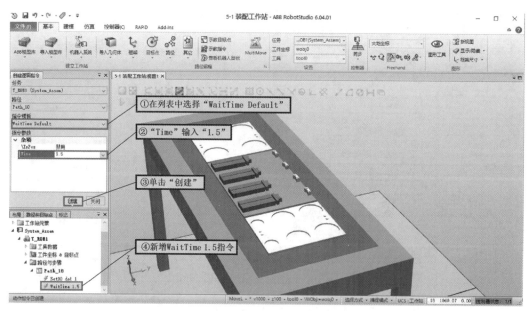

图 5-1-19　设置逻辑指令"WaitTime 1.5"

4.复制和编辑指令

如果指令模板相同，只是参数不同，可以采用复制、粘贴、编辑指令的方法添加新指令。继续创建其他逻辑指令，如图 5-1-20～图 5-1-25 所示。

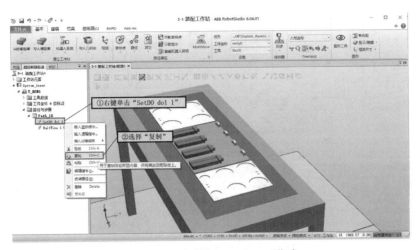

图 5-1-20　复制"SetDO do1 1"指令

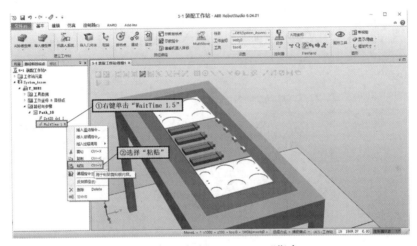

图 5-1-21　粘贴"SetDO do1 1"指令

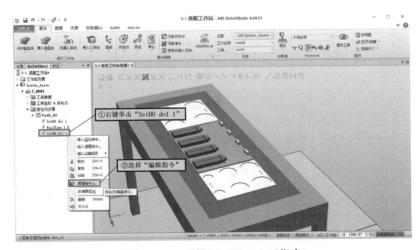

图 5-1-22　编辑"SetDO do1 1"指令

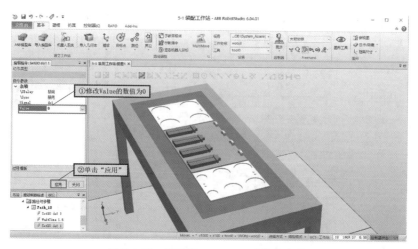

图 5-1-23 修改"SetDO do1 1"指令参数

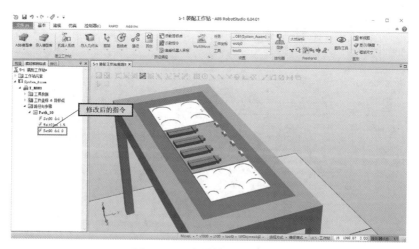

图 5-1-24 查看修改后的指令

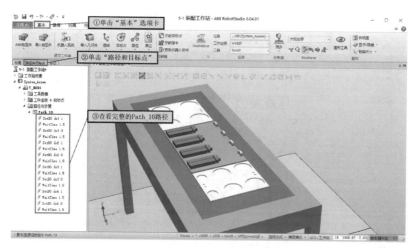

图 5-1-25 查看完整的 Path_10 路径

任务 5-1-5　查看 Path_10 路径运动

将 Path_10 沿路径运动,可以看到四个气缸依次从"伸出"到"缩回"的运动过程,如图 5-1-26 所示。

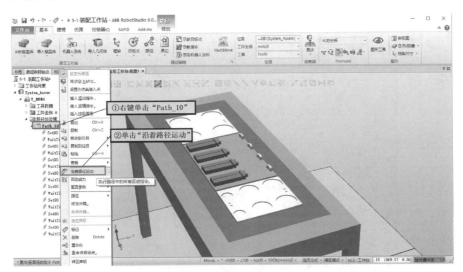

图 5-1-26　Path_10 沿路径运动

任务 5-2　零件搬运任务的实现

本任务是用事件管理器实现"1 号件_底座""2 号件_电机""3 号件_减速器"和"4 号件_端盖"分别从成品库位和备件库位搬运到装配位。这里所用到的"5-2　装配工作站.rspag"已经完成搬运路径,本任务只需要创建事件管理器,并将逻辑指令插入搬运路径,实现搬运任务。搬运位置图如图 5-2-1 所示。

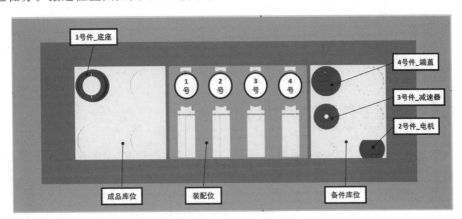

图 5-2-1　搬运位置图

任务 5-2-1　打开"装配工作站"

打开已经创建好搬运路径的"5-2　装配工作站.rspag"(扫描此处二维码,可下载"源文件"—"任务 5　源文件"文件夹里面的"5-2　装配工作站.rspag"文件),如图 5-2-2 所示。

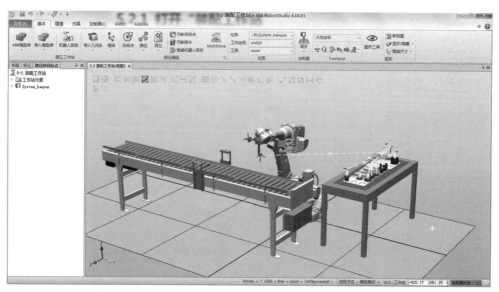

图 5-2-2　装配工作站

任务 5-2-2　创建机器人系统的 I/O 信号

这里创建 4 个数字输出信号"do1""do2""do3""do4",分别控制"1 号件_底座""2 号件_电机""3 号件_减速器"和"4 号件_端盖"的拾取和放置动作。当数字信号为"1"时,执行"附加对象";当数字信号为"0"时,执行"提取对象"。在事件管理器的事件中,"附加对象"即为"拾取动作","提取对象"即为"放置动作"。

参考"任务 5-1-2　创建机器人系统的 I/O 信号"的步骤和方法,分别创建"do1""do2""do3""do4"四个数字输出信号,并"重启"系统。创建完数字输出信号后,查看数字输出信号,如图 5-2-3 所示。

任务 5-2-3　创建零件拾取和放置事件

这里创建 8 个事件,1 个数字输出信号的"1"和"0"两种状态,分别控制 1 个零件的"拾取"和"放置"动作,即:

当"do1＝1"时,拾取"1 号件_底座",设定动作类型为"附加对象";

当"do1＝0"时,放置"1 号件_底座",设定动作类型为"提取对象";

当"do2＝1"时,拾取"2 号件_电机",设定动作类型为"附加对象";

当"do2＝0"时,放置"2 号件_电机",设定动作类型为"提取对象";

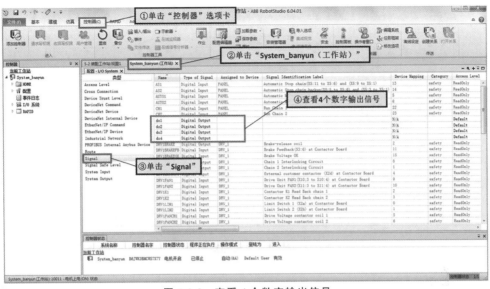

图 5-2-3　查看 4 个数字输出信号

当"do3＝1"时,拾取"3 号件_减速器",设定动作类型为"附加对象";

当"do3＝0"时,放置"3 号件_减速器",设定动作类型为"提取对象";

当"do4＝1"时,拾取"4 号件_端盖",设定动作类型为"附加对象";

当"do4＝0"时,放置"4 号件_端盖",设定动作类型为"提取对象"。

1. 打开"事件管理器"

打开"事件管理器",如图 5-2-4 所示。

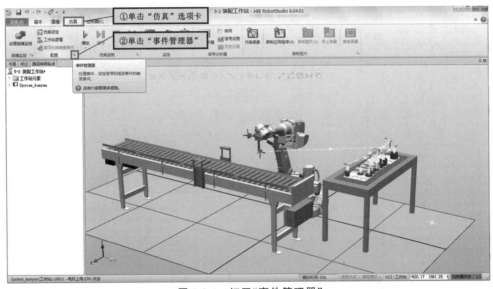

图 5-2-4　打开"事件管理器"

2. 添加一个"附加对象"的事件

添加事件"do1＝1",实现"1 号件_底座"拾取动作,如图 5-2-5～图 5-2-8 所示。

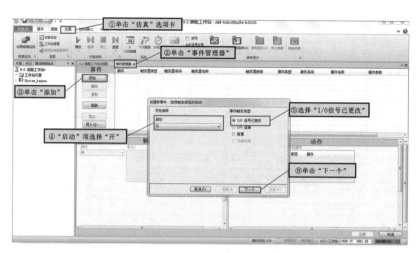

图 5-2-5　添加事件

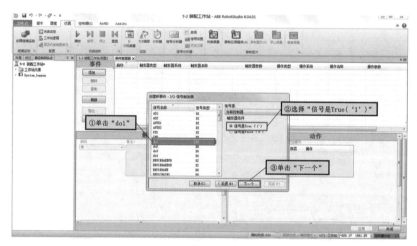

图 5-2-6　设置"I/O 信号触发器"

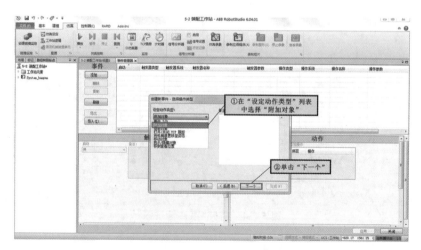

图 5-2-7　选择"设定动作类型"

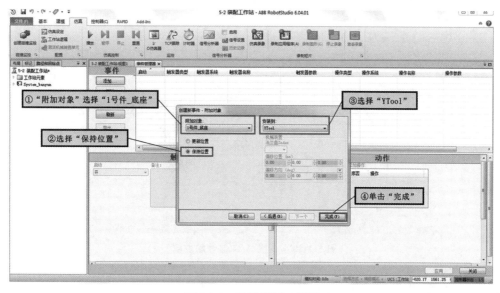

图 5-2-8　设置"附加对象"

3. 添加一个"提取对象"的事件

事件"do1＝0"，实现"1 号件_底座"放置动作，如图 5-2-9～图 5-2-12 所示。

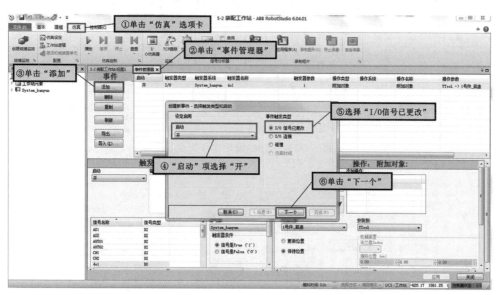

图 5-2-9　添加事件

4. 继续创建 6 个事件

参考"添加一个'附加对象'的事件"和"添加一个'提取对象'的事件"创建方法，再创建以下 6 个事件：

创建事件"do2＝1"，附加对象"2 号件_电机"；

创建事件"do2＝0"，提取对象"2 号件_电机"；

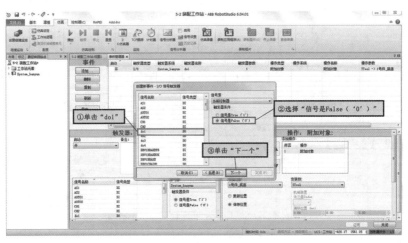

图 5-2-10　设置"I/O 信号触发器"

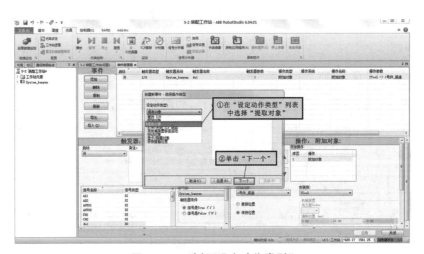

图 5-2-11　选择"设定动作类型"

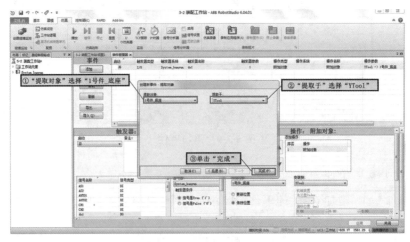

图 5-2-12　设置"提取对象"

创建事件"do3＝1",附加对象"3 号件_减速器";

创建事件"do3＝0",提取对象"3 号件_减速器";

创建事件"do4＝1",附加对象"4 号件_端盖";

创建事件"do4＝0",提取对象"4 号件_端盖"。

创建好 8 个事件后,事件列表如图 5-2-13 所示。

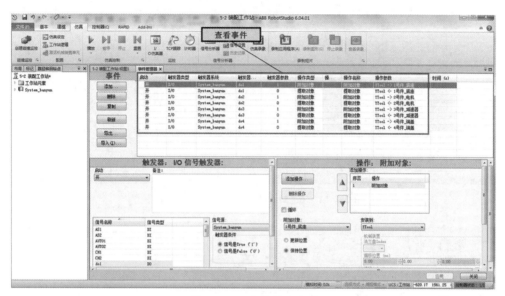

图 5-2-13　事件创建完成

任务 5-2-4　插入逻辑指令

当机器人到达工件拾取位置时,插入逻辑指令实现拾取动作,设置对应的数字输出信号为"1"。当机器人到达工件放置位置时,插入逻辑指令实现放置动作,设置对应的数字输出信号为"0"。

1. 在"MoveL pPick1"后面插入"SetDO do1 1"逻辑指令

在"MoveL pPick1"后面插入"SetDO do1 1"逻辑指令,执行"1 号件_底座"的拾取动作,如图 5-2-14 和图 5-2-15 所示。

2. 插入其他 7 个逻辑指令

参考"在'MoveL pPick1'后面插入"SetDO do1 1"逻辑指令"的方法,分别再插入以下 7个逻辑指令:

(1)在"MoveL pPut1"后面插入"SetDO do1 0"逻辑指令;

(2)在"MoveL pPick2"后面插入"SetDO do2 1"逻辑指令;

(3)在"MoveL pPut2"后面插入"SetDO do2 0"逻辑指令;

(4)在"MoveL pPick3"后面插入"SetDO do3 1"逻辑指令;

(5)在"MoveL pPut3"后面插入"SetDO do3 0"逻辑指令;

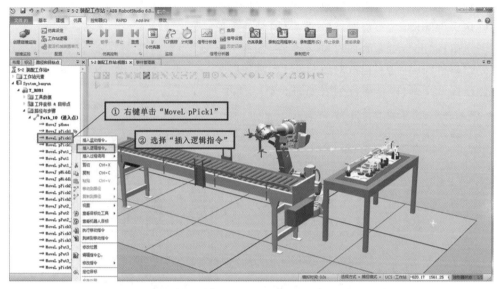

图 5-2-14　在"MoveL pPick1"插入逻辑指令

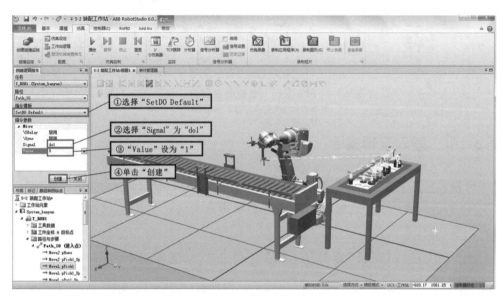

图 5-2-15　创建"SetDO do1 1"逻辑指令

(6)在"MoveL pPick4"后面插入"SetDO do4 1"逻辑指令;

(7)在"MoveL pPut4"后面插入"SetDO do4 0"逻辑指令。

逻辑指令插入完成后"Path_10"路径如图 5-2-16 所示。

任务 5-2-5　仿真运行

1.将工作站及"Path_10"同步到 RAPID

将工作站及"Path_10"同步到 RAPID,工作站及"Path_10"被添加到控制器系统

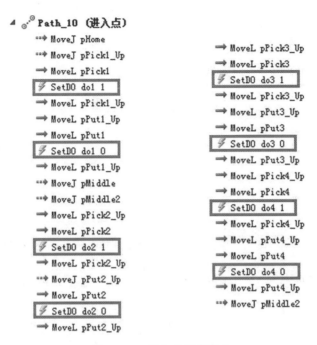

图 5-2-16　插入的逻辑指令

RAPID 中,如图 5-2-17 和图 5-2-18 所示。若打开虚拟示教器,在虚拟示教器的"程序编辑器""程序数据""工具"等里面,可以看到"Path_10"、目标点及工具等信息。可单击"仿真"选项卡中的"播放"按钮,对"Path_10"进行仿真。

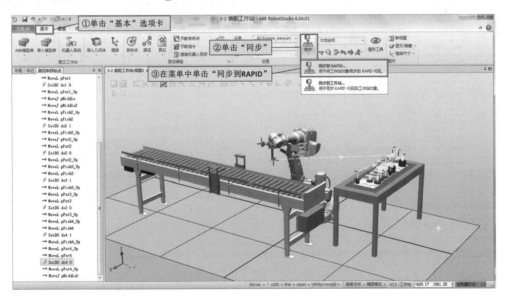

图 5-2-17　选择"同步到 RAPID"

2.设置"仿真设定"

若系统中有多条路径,每次只能仿真一条路径,这里选择"Path_10",如图 5-2-19 所示。

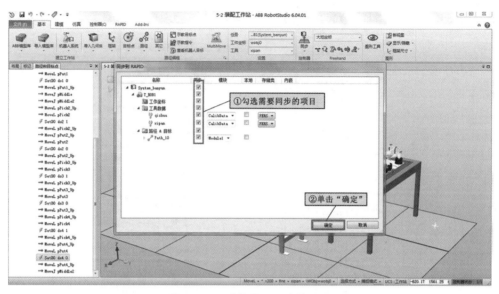

图 5-2-18 选择需要同步的项目

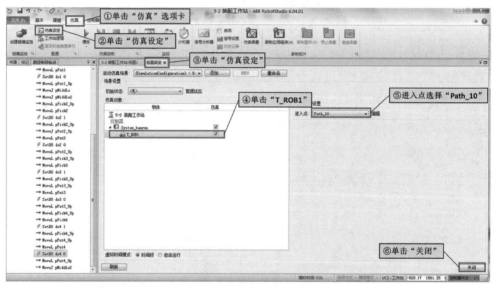

图 5-2-19 设置"仿真设定"

3. 保存"初始"状态

为了能多次仿真播放，可将播放之前的初始状态进行保存，再进行仿真播放，仿真播放完后，选择"初始"状态，可以恢复到播放前状态，如图 5-2-20～图 5-2-22 所示。

4. 仿真"播放"

单击"播放"，即可运行仿真，如图 5-2-23 所示。播放之前，先将装配线上用来取点的零件设为不可见。

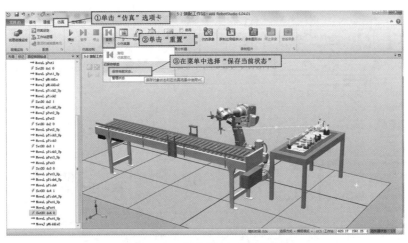

图 5-2-20　单击"保存当前状态"

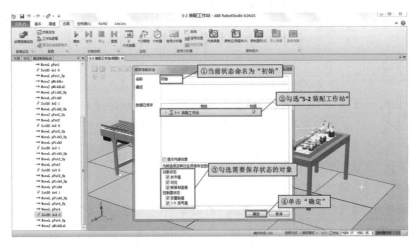

图 5-2-21　选择需要保存的状态

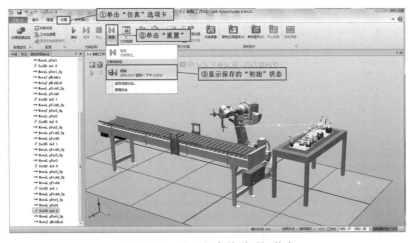

图 5-2-22　显示保存的"初始"状态

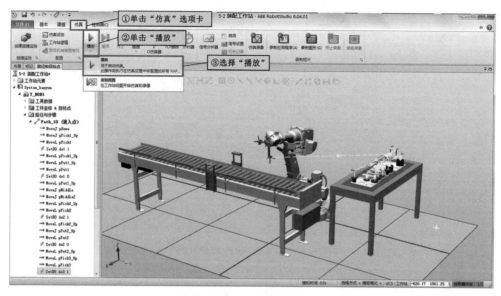

图 5-2-23 单击"播放"

拓展训练

在"5-2 装配工作站"完成 1、2、3、4 号件从成品库位和备件库位搬运到装配位后,在装配位上继续实现 1、2、3、4 号零件的装配任务。装配过程如下:

(1)"1 号件_底座"作为基础不动的零件;

(2)"2 号件_电机"装入"1 号件_底座"中;

(3)装入"3 号件_减速器"零件;

(4)将"4 号件_端盖"按照"1 号件_底座"的缺口和"4 号件_端盖"的卡口方向装配,并将"4 号件_端盖"绕自身轴线转 90°,完成装配。

任务6 基于 Smart 组件的产线及搬运任务实现

Smart 组件与事件管理器类似，都是 RobotStudio 软件中实现动画效果的，但是 Smart 组件要比事件管理器能够实现更多的动画效果，同时也能够更加高度逼真地模拟现场设备的 I/O 接口与控制逻辑。本任务内容主要讲解基于 Smart 组件的动态吸盘工具、动态输送链以及动态气缸实现。

任务 6-1 创建动态工具

本任务主要是创建动态工具，实现 2 号件的搬运。

装配输送链工作站包含机器人 IRB2600、装配产线、输送链和托盘收集器，如图 6-1-1 所示。

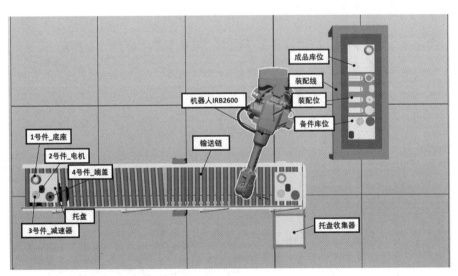

图 6-1-1 装配输送链工作站

任务 6-1-1 打开工作站

打开"6-1 装配工作站.rsstn"（扫描此处二维码，可下载"源文件"—"任务 6 源文件"文件夹里面的"6-1 装配工作站.rsstn"文件），本任务主要实现用"IRB2600"机器人的

"xipan"工具实现"2号件_电机"从输送链末端搬运到装配线备件库位置。在本工作站中，把暂时不用的1、3、4号件等隐藏，如图6-1-2所示。

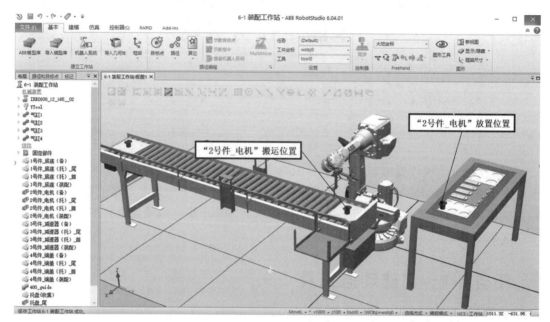

图 6-1-2　装配工作站

任务 6-1-2　创建机器人系统

（1）在"基本"选项卡中，单击"机器人系统"—"从布局"，如图6-1-3所示。

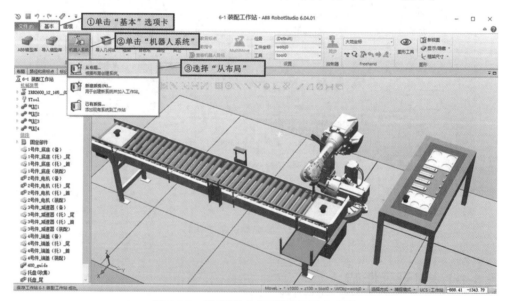

图 6-1-3　选择"从布局"创建机器人系统

（2）修改系统名称为"System_Assembly"，系统放置位置选择"E：\ABB"，然后单击"下一个"，如图 6-1-4 所示。

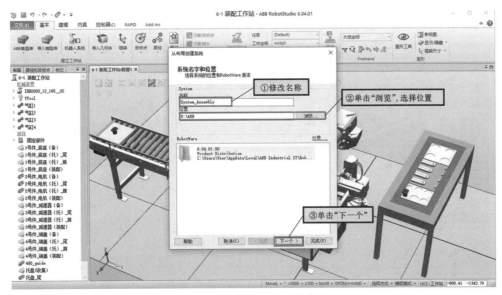

图 **6-1-4**　修改系统名称和选择位置

（3）在"机械装置"中，勾选"IRB2600_12_165_02"机器人，其他机械装置取消勾选，如图 6-1-5 所示。

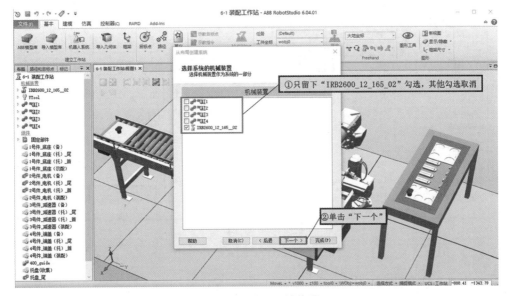

图 **6-1-5**　选择"机械装置"

（4）在"系统选项"中，单击"选项"，如图 6-1-6 所示。

（5）在"更改选项"对话框中，在"类别"列表中分别单击"Default Language""Industrial Networks"和"Anybus Adapters"，更改其选项，然后单击"确定"按钮，如图 6-1-7 所示。

返回到"系统选项"中，最后单击"完成"，完成机器人系统的创建，如图 6-1-8 所示。

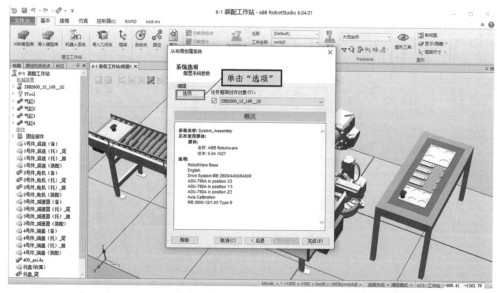

图 6-1-6　在"系统选项"中单击"选项"

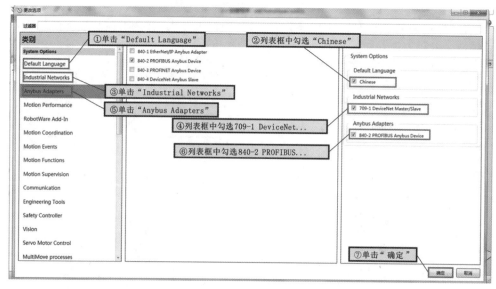

图 6-1-7　更改选项

任务 6-1-3　创建搬运路径

本任务主要讲解机器人将"2 号件_电机"从输送链末端搬运到装配线备件库中对应的位置。其他零件搬运路径，可以在此路径后面添加。

1. 示教目标点

这里需要创建 5 个点，分别是：pHome（起始点和结束点），pPick（零件拾取点），pPick_Up（零件拾取点上方），pPut（零件放置点），pPut_Up（零件放置点上方）。依次示教 5 个目标点，并

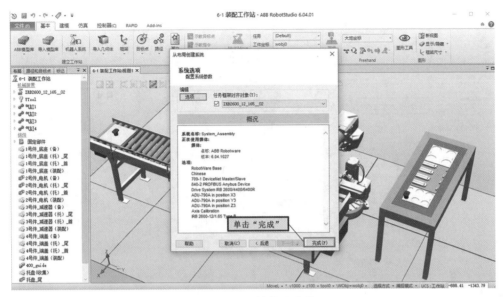

图 6-1-8　系统创建完成

修改目标点名称,如图 6-1-9 和图 6-1-10 所示。目标点示教方法可以参考"任务 2　创建零件搬运轨迹路径"的"任务 2-4-3　示教目标点"内容。

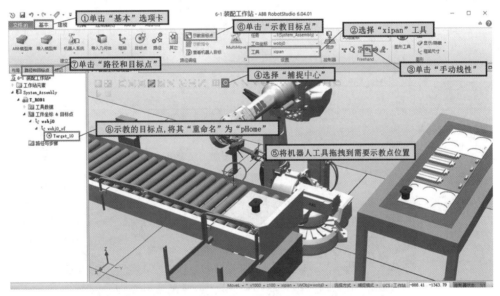

图 6-1-9　示教目标点

2.创建搬运路径

这里共创建 8 条路径,分别是 MoveJ pHome,MoveL pPick_Up,MoveL pPick,MoveL pPick_Up,MoveJ pPut_Up,MoveL pPut,MoveL pPut_Up,MoveJ pHome。在创建搬运路径时,第一条路径先到达安全点,搬运完成后,最后一条路径也回到安全点,且这两条路径都需要用 MoveJ 运动指令模板。另外,机器人从输送链末端到装配线方位需要转动 90°左右,

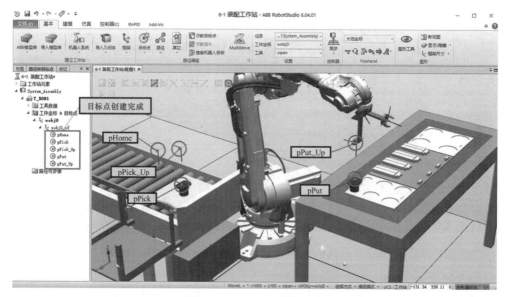

图 6-1-10　示教目标点完成

为了能顺利完成动作，也需要用 MoveJ 运动指令模板，其他搬运路径均使用 MoveL 运动指令模板。

（1）创建"空路径"。

在"基本"选项卡中，单击"路径"—"空路径"，创建一条默认名字为"Path_10"的空路径，如图 6-1-11 所示。

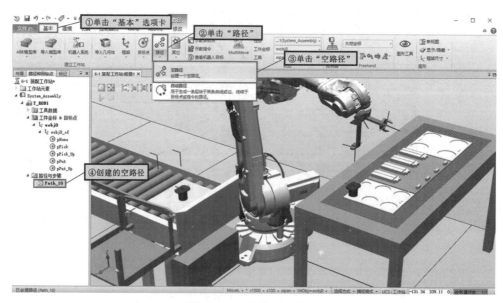

图 6-1-11　创建"空路径"

（2）从目标点处添加运动指令。

按照搬运路径顺序，可分别在 pHome，pPick_Up，pPick，pPick_Up，pPut_Up，pPut，pPut_Up，pHome 目标点上添加运动指令。其中：到起始点和结束点（pHome）以及从输送链转到装配线的运动指令用 MoveJ,其他搬运运动指令用 MoveL,转弯半径"Zone"选择"fine"。

创建 MoveJ pHome 指令的步骤如下:

步骤一:在最下方设置"指令模板"(MoveJ),速度(v600),Zone(fine),工具(xipan)。

步骤二:左侧浏览器中,右键单击"pHome"—"添加到路径"—"Path_10"—"〈最后〉",如图 6-1-12 所示。

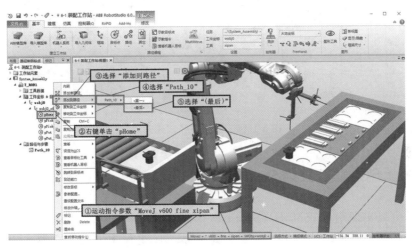

图 6-1-12 创建 MoveJ pHome 指令

创建 MoveL pPick_Up 指令的步骤如下:

步骤一:在最下方设置"指令模板"(MoveL),速度(v600),Zone(fine),工具(xipan)。

步骤二:左侧浏览器中,右键单击"pPick_Up"—"添加到路径"—"Path_10"—"〈最后〉",如图 6-1-13 所示。

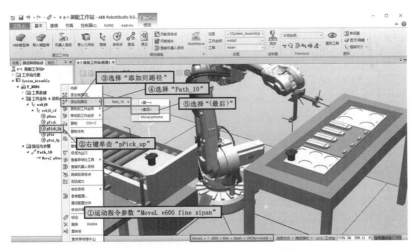

图 6-1-13 创建 MoveL pPick_Up 指令

继续创建运动指令,依次为 MoveL pPick,MoveL pPick_Up,MoveJ pPut_Up,MoveL pPut,MoveL pPut_Up,MoveJ pHome,创建完成后,如图 6-1-14 所示。

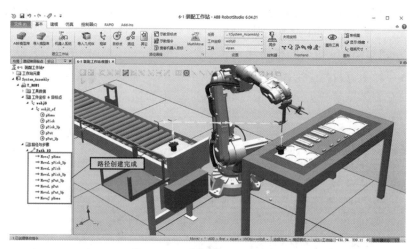

图 6-1-14 搬运路径创建完成

任务 6-1-4 创建动态夹具 Smart 组件

本任务主要实现用 YTool 工具的 xipan 工具完成零件的搬运。这里采用创建 Smart 组件的方法来实现搬运动作。本任务所创建的 Smart 组件主要实现机器人工具"安装对象"和"拆除对象"的功能。Smart 组件需要创建一个数字输入信号 diGripper：当"diGripper ＝1"时，实现机器人工具"安装对象"动作；当"diGripper＝0"时，实现机器人工具"拆除对象"动作。

1. 新建 Smart 组件

新建 Smart 组件，并"重命名"为"SC_Gripper"，如图 6-1-15 和图 6-1-16 所示。

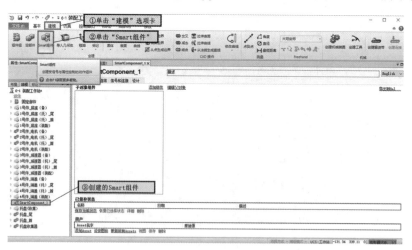

图 6-1-15 创建 Smart 组件

2. 设置"SC_Gripper"的工具"YTool"

"SC_Gripper"是动态工具，"SC_Gripper"所属的所有子组件需要随着机器人末端工具

图 6-1-16　将"SmartComponent_1"重命名为"SC_Gripper"

一起运动,所以需要将"YTool"放入"SC_Gripper"中,然后将"SC_Gripper"安装到 IRB2600 机器人上,如图 6-1-17～图 6-1-24 所示。

图 6-1-17　拆除工具"YTool"

3.添加子组件

"SC_Gripper"需要用到四个子组件:线性传感器(LineSensor)用来检测"安装对象";安装动作(Attacher)用来执行"安装对象"动作;拆除动作(Detacher)用来执行"拆除对象";逻辑取反运算(LogicGate(NOT))。

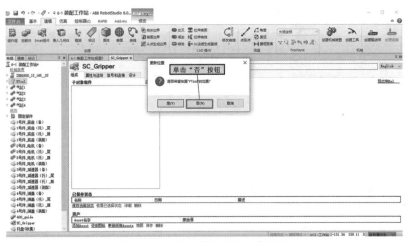

图 6-1-18　是否恢复位置，选"否"

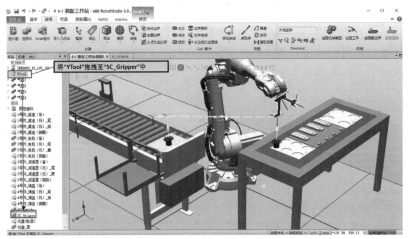

图 6-1-19　将"YTool"拖拽至"SC_Gripper"中

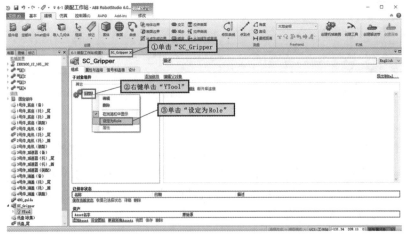

图 6-1-20　将工具"YTool"设定为 Role

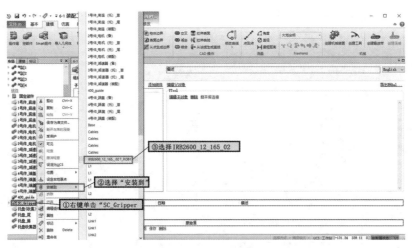

图 6-1-21 　将"SC_Gripper"安装至 IRB2600

图 6-1-22 　是否更新位置,选"否"

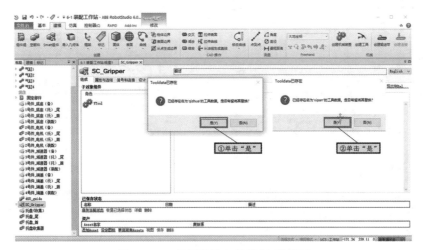

图 6-1-23 　是否替换工具数据,选"是"

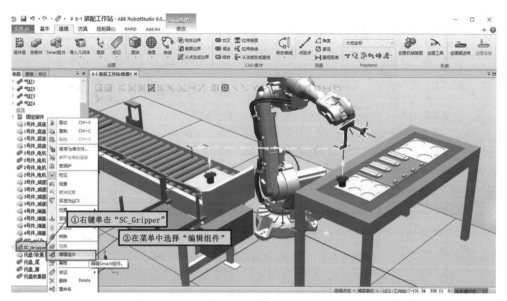

图 6-1-24　编辑组件

(1)添加线性传感器"LineSensor"子组件。

添加线性传感器"LineSensor",并将"LineSensor"设定位置到"xipan"工具末端,如图 6-1-25～图 6-1-28 所示。

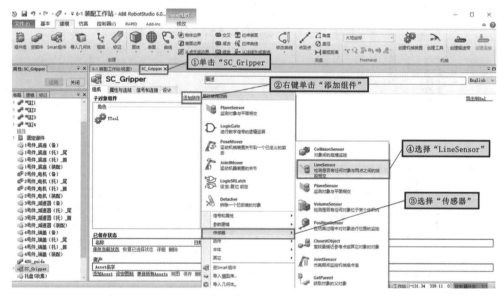

图 6-1-25　单击"LineSensor"

(2)取消"YTool"的"可由传感器检测"。

"LineSensor"不能检测工具、机器人、输送链和装配线,所以需要取消"YTool"的"可由传感器检测",如图 6-1-29 所示。

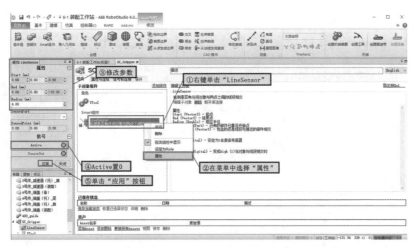

图 6-1-26　设置"LineSensor"属性

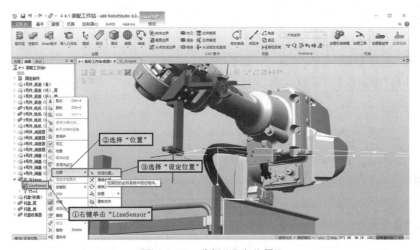

图 6-1-27　选择"设定位置"

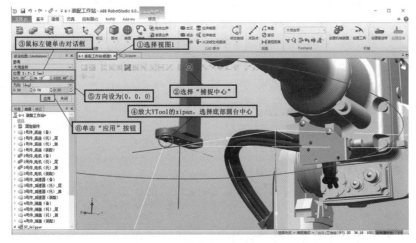

图 6-1-28　设定"LineSensor"位置

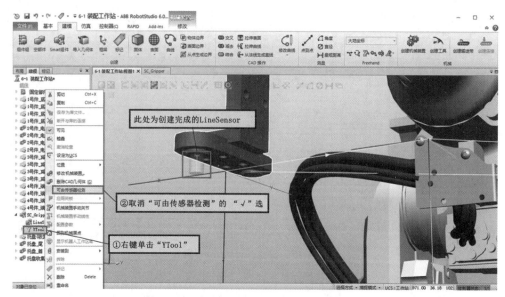

图 6-1-29　取消"YTool"的"可由传感器检测"

（3）添加"安装对象"动作"Attacher"子组件。

"Attacher"用来执行"安装对象"动作，父对象为"YTool"，子对象为"LineSensor"的检测对象，如图 6-1-30 和图 6-1-31 所示。

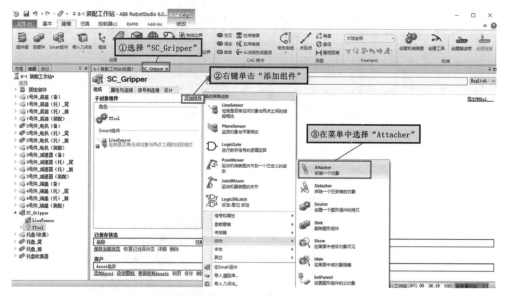

图 6-1-30　选择"Attacher"组件

（4）添加拆除动作"Detacher"子组件。

"Detacher"用来执行"拆除对象"动作，"Detacher"的子对象为"Attacher"的子对象，如图 6-1-32 所示。

（5）添加"LogicGate(NOT)"逻辑运算符。

"LogicGate(NOT)"是将输入信号取反给输出信号，如图 6-1-33 所示。

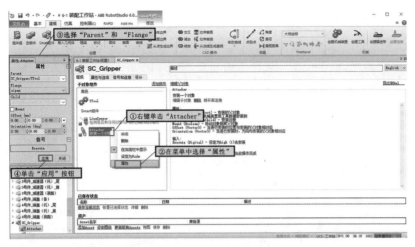

图 6-1-31 设置"Attacher"属性

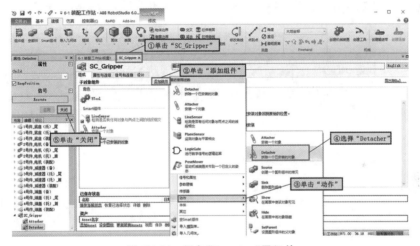

图 6-1-32 添加"Detacher"子组件

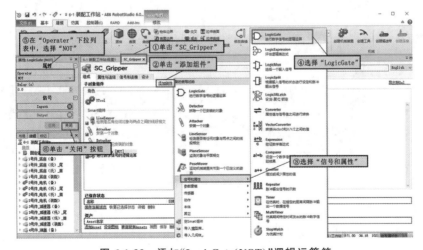

图 6-1-33 添加"LogicGate（NOT）"逻辑运算符

4.设置"属性与连结"

（1）添加连结。

将线性传感器"LineSensor"检测到的对象"SensorPart"和安装"Attacher"的子对象"Child"关联，如图 6-1-34 和图 6-1-35 所示。

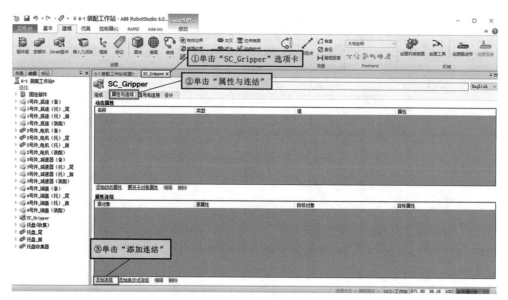

图 6-1-34　单击"添加连结"

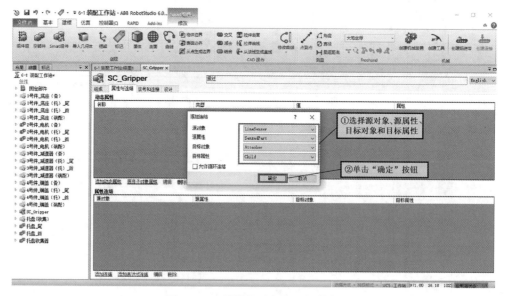

图 6-1-35　设置源对象和目标对象

（2）添加连结。

将安装"Attacher"的子对象"Child"和"Detacher"的子对象"Child"关联，如图 6-1-36 和图 6-1-37 所示。

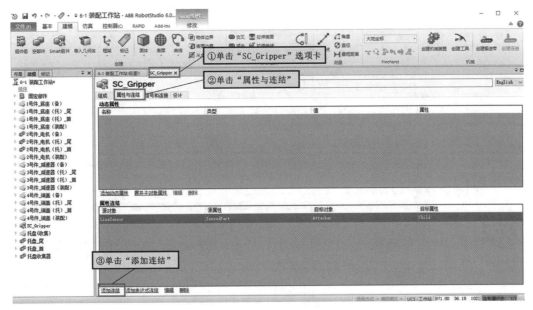

图 6-1-36　单击"添加连结"

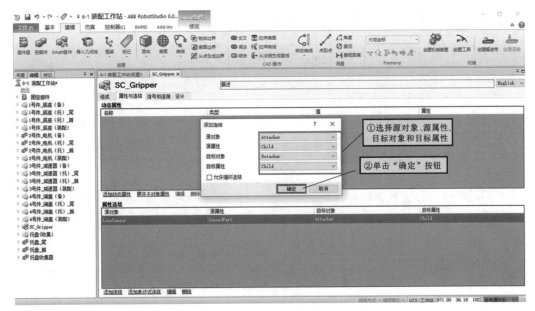

图 6-1-37　设置源对象和目标对象

（3）"添加连结"完成。

两次"添加连结"完成后，在"属性连结"列表中，显示连结结果，如图 6-1-38 所示。

5.设置"信号和连接"

（1）添加数字输入信号"diGripper"。

添加一个类型为"DigitalInput"的信号，如图 6-1-39 所示。

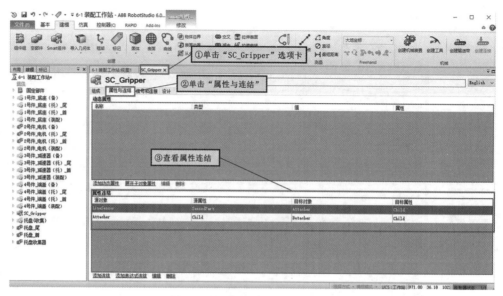

图 6-1-38　查看"属性连结"列表

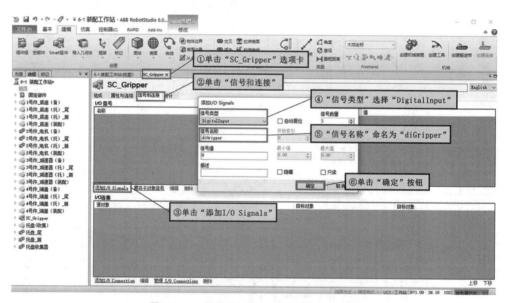

图 6-1-39　添加"diGripper"数字输入信号

（2）添加 I/O Connection。

添加"I/O Connection"，建立各子组件之间 I/O 信号的关联。按照顺序，连续四次"添加 I/O Connection"，如图 6-1-40 和图 6-1-41 所示。

（3）"I/O 连接"列表。

"添加 I/O Connection"完成后，所添加的 I/O Connection 会在"I/O 连接"列表中显示，选中一条"I/O 连接"可以上移或下移来调整顺序，如图 6-1-42 所示。

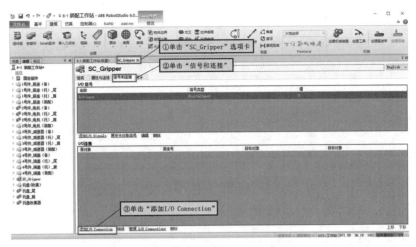

图 6-1-40　单击"添加 I/O Connection"

图 6-1-41　四次"添加 I/O Connection"的源对象和目标对象

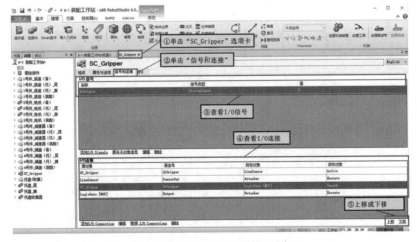

图 6-1-42　查看"I/O 连接"列表

6. 查看"属性与连结"和"信号和连接"关系图

"属性与连结"和"信号和连接"关系图，创建"数字输入信号"、"添加属性连接"和"添加 I/O Connection"都可以在"设计"图里直接连线完成，如图 6-1-43 所示。软件中默认"属性连接"是红线，"I/O 连接"是绿线。

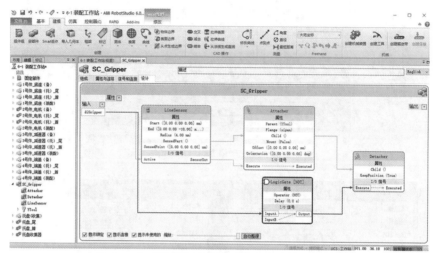

图 6-1-43 "属性与连结"和"信号和连接"关系图

任务 6-1-5　创建机器人系统的 I/O 信号

创建机器人系统的 I/O 信号的方法有两种：
（1）在"I/O System"中创建 I/O 信号；
（2）在虚拟示教器中创建 I/O 信号，此方法跟示教器创建方法一样。
本任务重点讲解在"I/O System"中创建 I/O 信号的方法。
（1）打开"I/O System"。

打开"I/O System"，如图 6-1-44 所示。

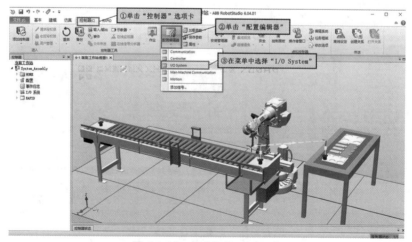

图 6-1-44 单击"I/O System"

（2）新建"DeviceNet Device"。

添加一个 ABB 机器人控制器能支持的扩展板"DeviceNet Device"，类型为"DSQC 652 24 VDC I/O Device"，重命名为"Board10"，地址为"10"，创建完后，需要重启控制器系统，如图 6-1-45～图 6-1-48 所示。

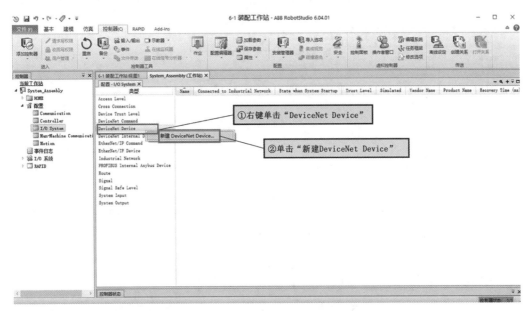

图 6-1-45　单击"新建 DeviceNet Device"

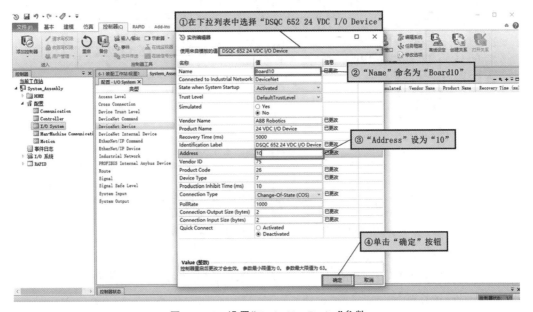

图 6-1-46　设置"DeviceNet Device"参数

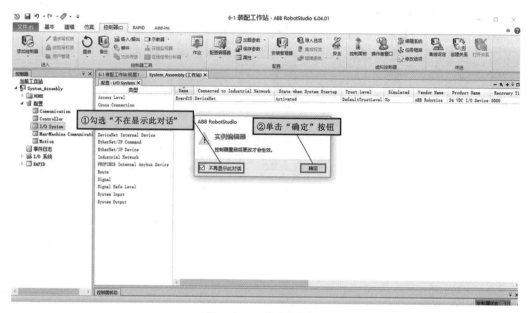

图 6-1-47　单击"确定"

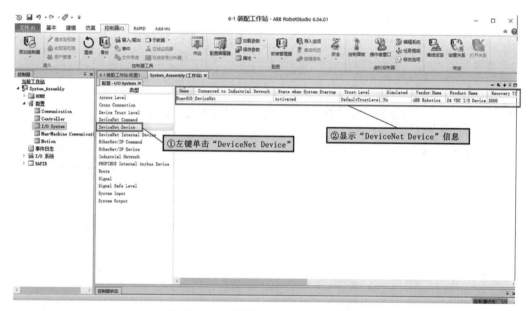

图 6-1-48　查看"DeviceNet Device"信息

（3）新建数字输出信号"doGripper"。

新建一个类型为"Digital Output"的信号，如图 6-1-49 和图 6-1-50 所示。

（4）重启控制器系统。

创建完信号板和 I/O 信号后，需要重启控制器系统，新建的信号板和 I/O 信号才能生效，如图 6-1-51～图 6-1-53 所示。

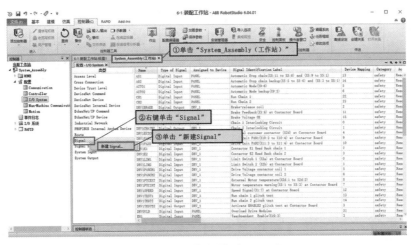

图 6-1-49　单击"新建 Signal"

图 6-1-50　设置"doGripper"信号参数

图 6-1-51　重启控制器

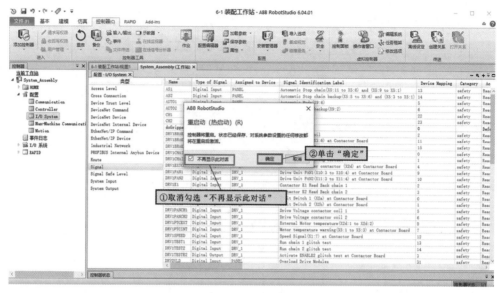

图 6-1-52　单击"确定"按钮

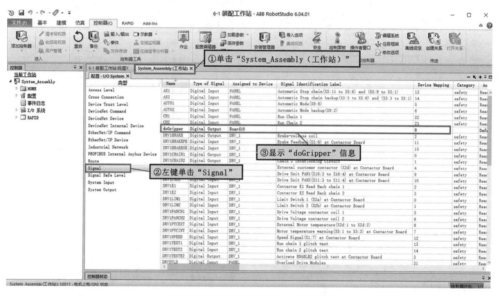

图 6-1-53　查看"doGripper"信息

任务 6-1-6　设置"工作站逻辑"

在机器人程序中，只能控制机器人控制器系统的 I/O 信号，不能控制其他外部信号。若需要控制机器人控制器系统以外的其他信号（如 Smart 组件的信号），则需通过"工作站逻辑"，建立机器人控制器 I/O 信号与 Smart 组件 I/O 信号的关联，从而实现机器人控制器间接控制 Smart 组件 I/O 信号的功能，如图 6-1-54～图 6-1-57 所示。

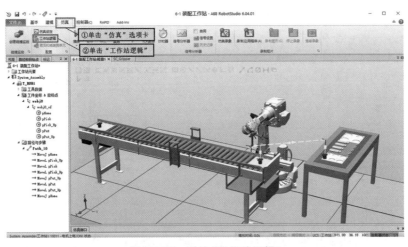

图 6-1-54　单击"工作站逻辑"

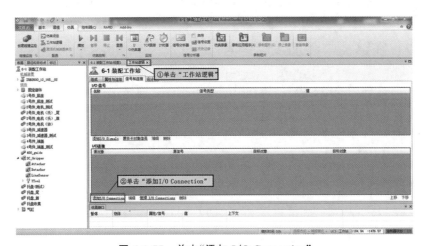

图 6-1-55　单击"添加 I/O Connection"

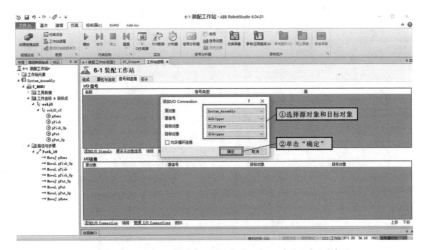

图 6-1-56　选择"源对象""源信号"和两个"目标对象"

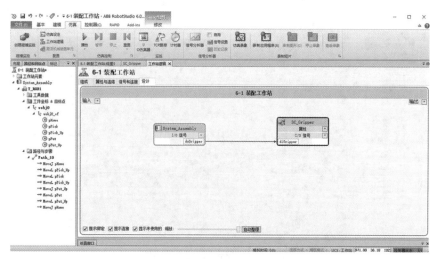

图 6-1-57　查看机器人控制器系统和 Smart 组件之间的 I/O 连接

任务 6-1-7　在路径中添加逻辑信号

在任务 6-1-3 创建的搬运路径"Path_10"运动指令之间添加逻辑指令，实现机器人工具安装和拆除动作。在机器人工具到达工件上表面拾取位置（pPick）时，执行安装动作（doGripper＝1）；在机器人工具到达工件上表面放置位置（pPut）时，执行拆除动作（doGripper＝0）。

1. 添加逻辑指令"SetDO doGripper 1"

在 MoveL pPick 后面添加逻辑指令"SetDO doGripper 1"，实现机器人安装动作，如图 6-1-58 和图 6-1-59 所示。

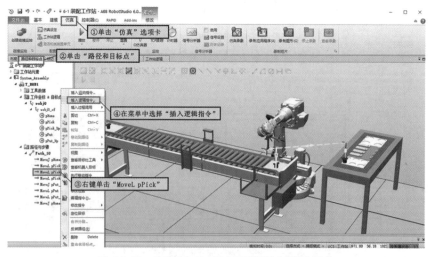

图 6-1-58　在"MoveL pPick"后面插入逻辑指令

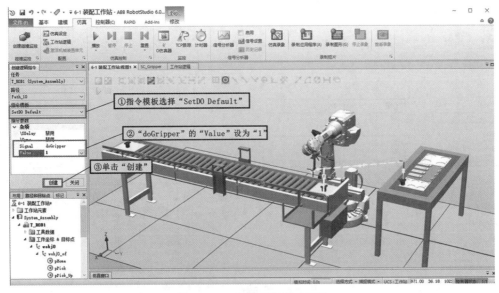

图 6-1-59　设置逻辑指令参数

2.添加逻辑指令"SetDO doGripper 0"

在"MoveL pPut"后面添加逻辑指令"SetDO doGripper 0",实现机器人拆除动作,如图 6-1-60 和图 6-1-61 所示。

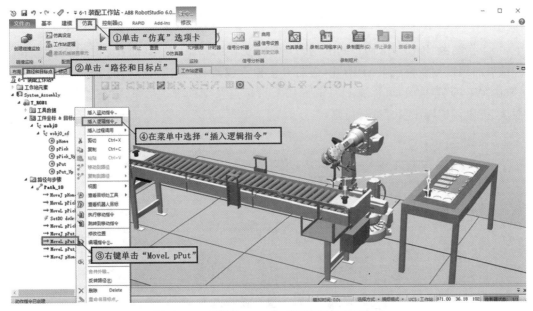

图 6-1-60　在"MoveL pPut"后面插入逻辑指令

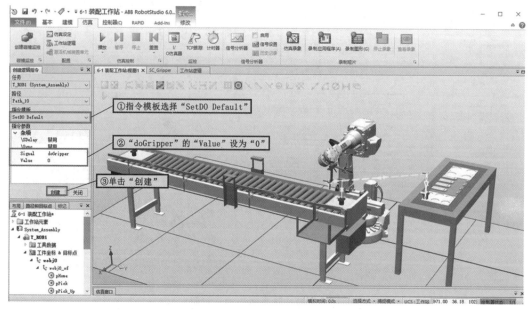

图 6-1-61 设置逻辑指令参数

任务 6-1-8 仿真运行

1. 将工作站及"Path_10"同步到 RAPID

将工作站及"Path_10"同步到 RAPID,如图 6-1-62 和图 6-1-63 所示。工作站及"Path_10"被添加到控制器系统 RAPID 中,若打开虚拟示教器,在虚拟示教器的"程序编辑器""程序数据""工具"等里面,可以看到"Path_10"、目标点及工具等。可单击"仿真"选项卡中的"播放"按钮,对"Path_10"进行仿真。

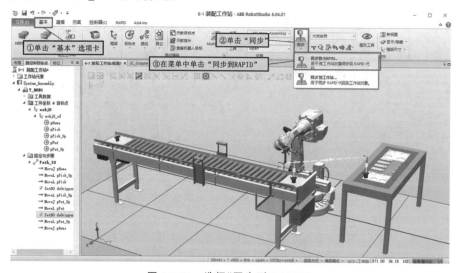

图 6-1-62 选择"同步到 RAPID"

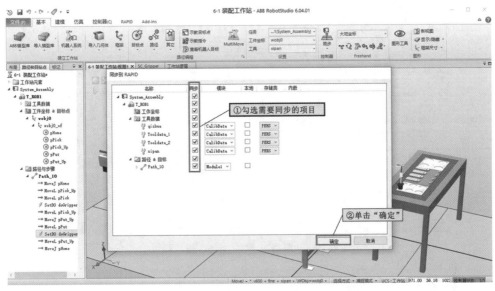

图 6-1-63　选择需要同步的项目

2.设置"仿真设定"

若系统中有多条路径,每次只能仿真一条路径。这里选择"Path_10",如图 6-1-64 和图 6-1-65 所示。

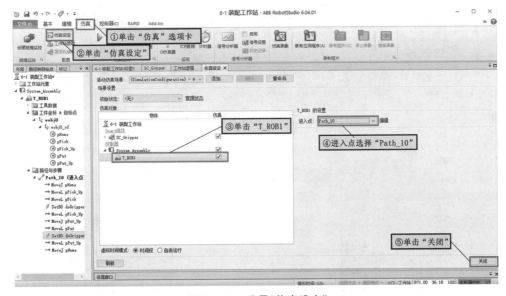

图 6-1-64　设置"仿真设定"

3.保存当前状态

为了能多次仿真播放,可将播放之前初始状态进行保存,再进行仿真播放,仿真播放完后,选择"初始"状态,可以恢复到播放前状态。仿真之前,先将备件库中的"2 号件_电机(备)"设为不可见。保存当前状态,如图 6-1-66～图 6-1-68 所示。

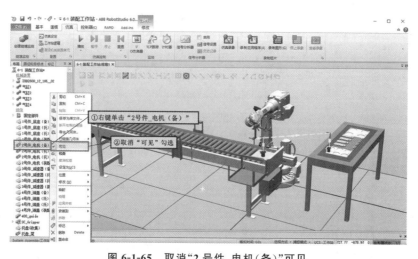

图 6-1-65　取消"2 号件_电机（备）"可见

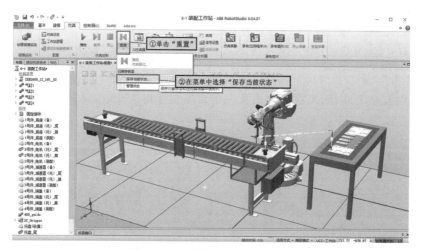

图 6-1-66　选择"保存当前状态"

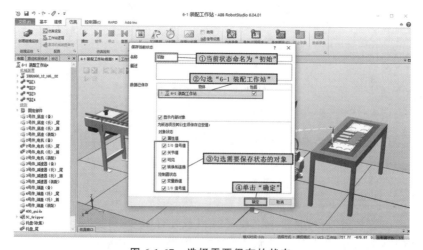

图 6-1-67　选择需要保存的状态

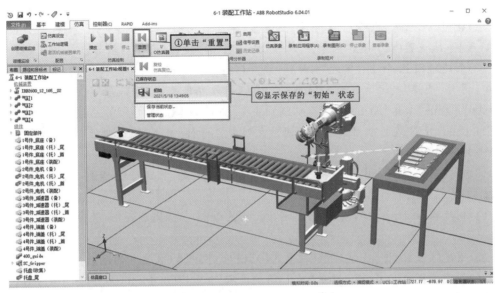

图 6-1-68　显示保存的"初始"状态

4. 仿真"播放"

单击"播放",即可运行仿真,如图 6-1-69 所示。播放之前,先将装配线上用来取点的零件设为不可见。

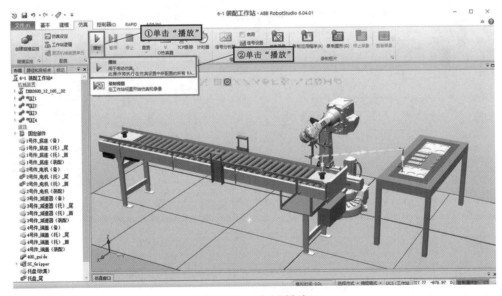

图 6-1-69　单击"播放"

拓展训练

根据图 6-1-70,在"2 号件_电机"搬运路径完成的基础上,继续实现"1 号件_底座""3 号件_减速器""4 号件_端盖"和"托盘"分别从输送链末端搬运到"装配线"的"备件库位"和"托盘收集器"的搬运任务：

（1）将"1号件_底座（备）""3号件_减速器（备）""4号件_端盖（备）""1号件_底座（托）_尾""3号件_减速器（托）_尾""4号件_端盖（托）_尾"和"托盘（收集）"显示。

（2）创建路径Path_20，实现"1号件_底座（托）_尾"搬运至"1号件_底座（备）"的路径。因为"1号件_底座"搬运需要用到"qizhua"工具，所以在动态夹具Smart组件"SC_Gripper"中，增加"qizhua"工具"Attacher_2"和"Detacher_2"的动作子组件。"qizhua"工具用面传感器"PlaneSensor"实现拾取对象检测。同时在创建"1号件_底座"搬运路径前，需要设置一个切换工具的安全位置。

（3）创建路径Path_30，实现将"3号件_减速器（托）_尾"搬运至"3号件_减速器（备）"的路径。

（4）创建路径Path_40，实现将"4号件_端盖（托）_尾"搬运至"4号件_端盖（备）"的路径。

（5）创建路径Path_50，实现将"托盘（尾）"搬运至"托盘（收集）"的路径。

（6）创建主程序Path_60，通过"插入调用过程"依次调用Path_20、Path_10、Path_30、Path_40和Path_50，实现"1号件_底座""2号件_电机""3号件_减速器""4号件_端盖"和"托盘"的搬运任务。

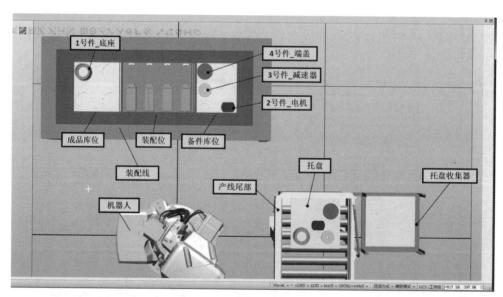

图6-1-70　装配工作站

任务6-2　创建动态输送链

在"任务6-1　创建动态工具"完成后的工作站"6-2　装配工作站.rspag"基础上，即"2号件_电机"从输送链末端到装配线备件库的搬运过程已经完成，本任务主要实现输送链上"托盘"和"2号件_电机"一起从输送链起始端到输送链末端自动运行过程。

任务 6-2-1　打开工作站

打开"6-2　装配工作站.rspag"(扫描此处二维码,可下载"源文件"—"任务 6　源文件"文件夹里面的"6-2　装配工作站.rspag"文件),此工作站中,"2 号件_电机"从输送链末端搬运到备件库任务已经完成,如图 6-2-1 所示。

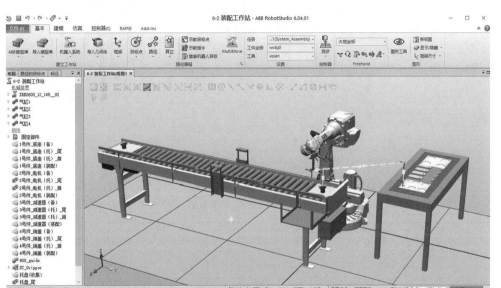

图 6-2-1　6-2 装配工作站

任务 6-2-2　创建动态输送链 Smart 组件

本任务所创建 Smart 组件的功能是,当数字输入信号为"1"时,"托盘"和"2 号件_电机"从输送链前端沿着输送链运动到输送链末端,然后数字输出信号置"1"。用到的子组件有"Digital Input""Digital Output""Queue""LinearMover""LogicGate（NOT）""VolumeSensor""PlaneSensor""LogicSRLatch"等。

1. 新建 Smart 组件

（1）在"建模"选项卡中,选择"Smart 组件",如图 6-2-2 所示。

（2）修改 Smart 组件名称。右键单击"SmartComponent_1",在菜单中选择"重命名",输入 Smart 组件名为"SC_Infeeder",如图 6-2-3 所示。

2. 创建 Smart 组件"SC_Infeeder"的子组件

（1）添加第一个"PlaneSensor"。

这里"PlaneSensor"用来检测输送链前端托盘,创建过程如图 6-2-4 和图 6-2-5 所示。

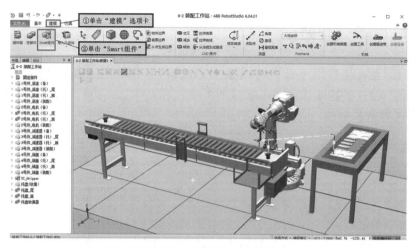

图 6-2-2　新建"Smart 组件"

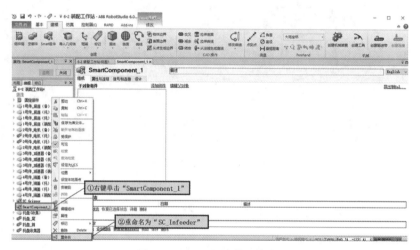

图 6-2-3　Smart 组件重命名

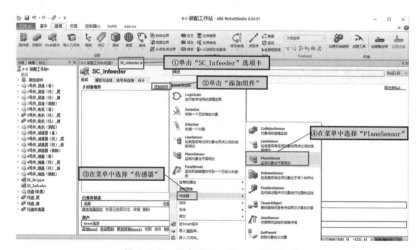

图 6-2-4　添加"PlaneSensor"子组件

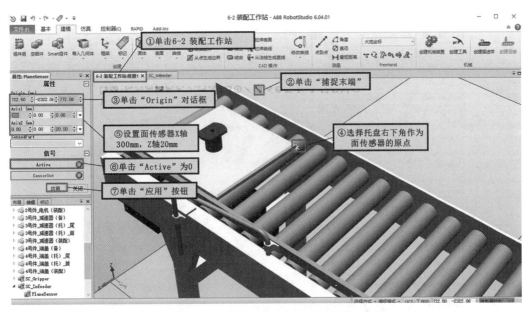

图 6-2-5　设置 PlaneSensor 的属性

（2）添加"VolumeSensor"。

"VolumeSensor"用来检测输送链前端 2 号件，创建过程如图 6-2-6 和图 6-2-7 所示。

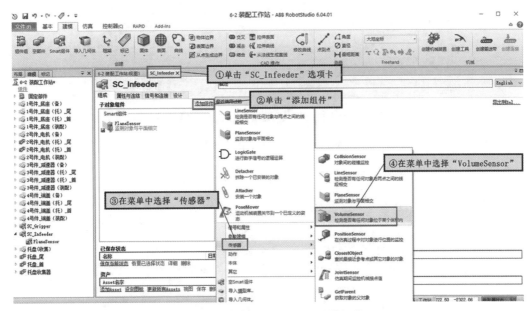

图 6-2-6　添加"VolumeSensor"子组件

将传感器"VolumeSensor"往 Y 轴移动－50 mm，因为"VolumeSensor"只能检测与其相交的对象，移动过程如图 6-2-8 和图 6-2-9 所示。

（3）取消输送链的"可由传感器检测"。

将输送链设置为不被传感器检测，如图 6-2-10 所示。

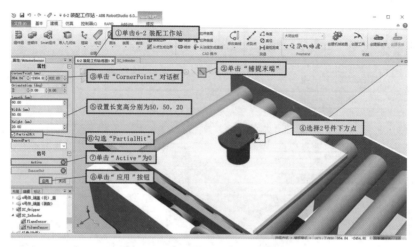

图 6-2-7　设置"VolumeSensor"属性

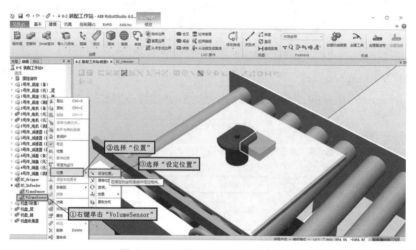

图 6-2-8　设定"VolumeSensor"位置

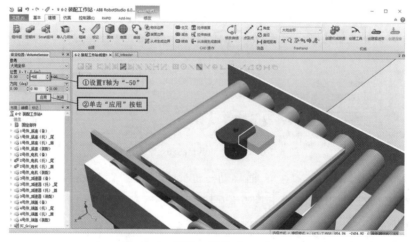

图 6-2-9　设置 Y 轴移动－50 mm

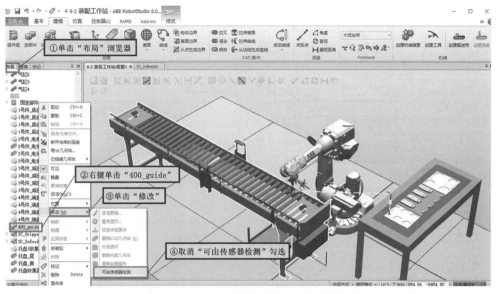

图 6-2-10　取消输送链的"可由传感器检测"

（4）添加"Queue"子组件。

对象在输送链上的运动通过"Queue"队列来控制其运动和停止，将需要运动的对象加入队列"Queue"中，停止运动时，需要将对象从"Queue"中剔除出来，如图 6-2-11 所示。

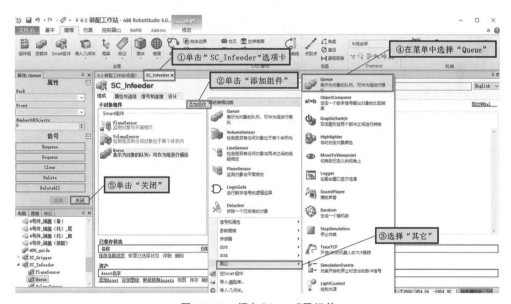

图 6-2-11　添加"Queue"子组件

（5）添加"LinearMover"子组件。

将加入"Queue"队列中的对象沿一条直线运动，如图 6-2-12 所示。

（6）添加"LogicGate(NOT)"子组件。

此处添加一个逻辑取反运算符，主要是将输入为"0"的信号转为输出为"1"的信号，如图 6-2-13 所示。

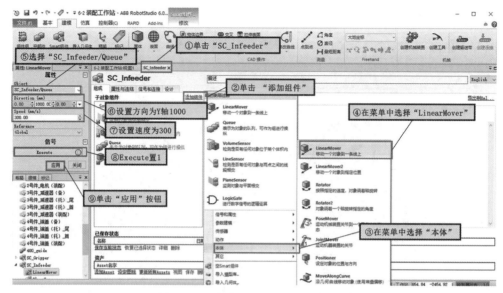

图 6-2-12　添加"LinearMover"子组件

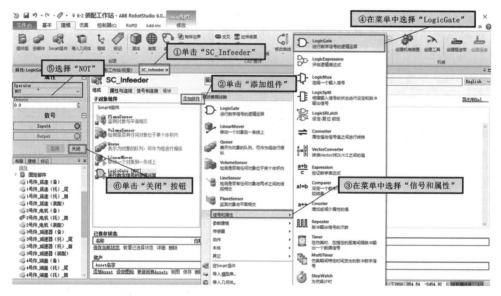

图 6-2-13　添加"LogicGate(NOT)"子组件

(7)添加"LogicSRLatch"子组件。

添加"LogicSRLatch"子组件,实现数字输出信号的"置位"和"复位",如图 6-2-14 所示。

(8)添加第二个 PlaneSensor 子组件。

这个"PlaneSensor_2"子组件放在输送链末端,用来检测托盘等对象到达输送链末端,如图 6-2-15 和图 6-2-16 所示。

(9)将输送链尾部托盘和 2 号件隐藏。

输送链尾部托盘和 2 号件是用来取点的,在实际搬运过程中,这两个零件不需要用到,所以在取点结束后,将其隐藏,如图 6-2-17 所示。

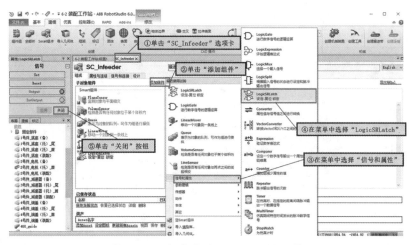

图 6-2-14　添加"LogicSRLatch"子组件

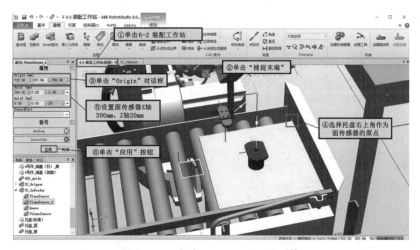

图 6-2-15　添加 PlaneSensor 子组件

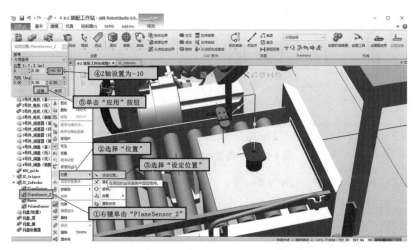

图 6-2-16　将"PlaneSensor_2"向 Z 轴移动－10 mm

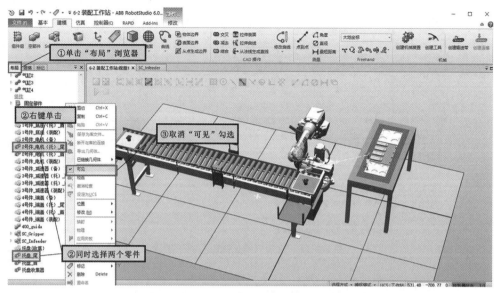

图 6-2-17　将输送链尾部托盘和 2 号件隐藏

（10）新建输入信号"diStart"。

当"diStart＝1"时，输送链前端的"托盘"和"2 号件_电机"开始沿直线运动，如图 6-2-18 所示。

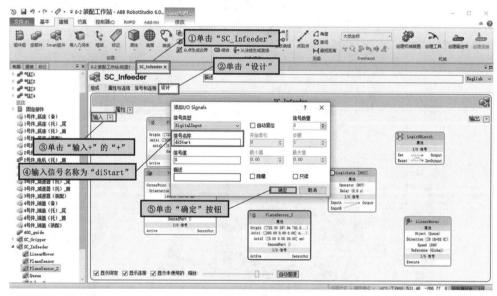

图 6-2-18　新建输入信号"diStart"

（11）新建输出信号"doBoxInEnd"。

当产品对象到达输送链末端时，doBoxInEnd＝1；当对象被搬运或者未到达输送链末端时，doBoxInEnd＝0，如图 6-2-19 所示。

（12）SC_Infeeder 组件逻辑设计。

将"PlaneSensor"检测到的对象（托盘）和"VolumeSensor"检测到的对象（2 号件_电机）

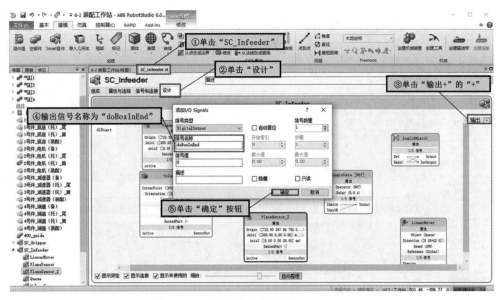

图 6-2-19　新建输出信号"doBoxInEnd"

加入"Queue"中,用"LinearMover"将"Queue"中的对象沿直线运动。当对象运动到输送链末端时,将"托盘"和"2 号件_电机"从"Queue"中剔除出来,停止运动,同时将数字输出信号置"1",如图 6-2-20 所示。

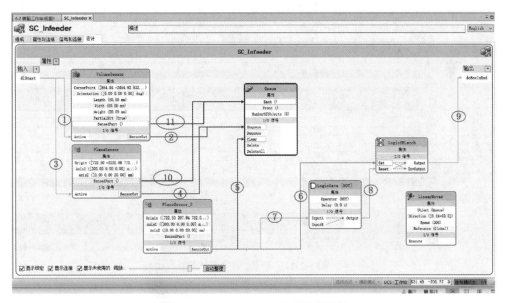

图 6-2-20　SC_Infeeder 组件逻辑设计

(13)查看"属性与连结"。

组件逻辑设计后,在"属性与连结"选项卡中,可显示各子组件之间的属性连接,如图 6-2-21 所示。

(14)查看"信号和连接"。

组件逻辑设计后,在"信号和连接"选项卡中,可显示"I/O 信号"和各子组件之间的"I/

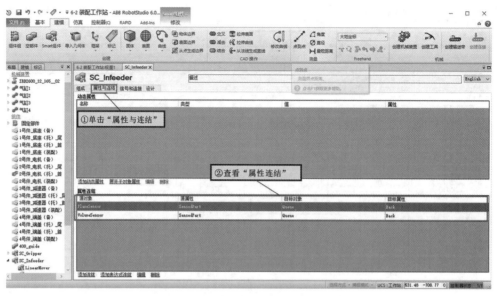

图 6-2-21　查看"属性连结"

O 连接",如图 6-2-22 所示。

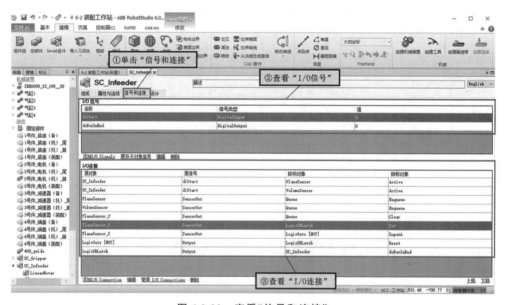

图 6-2-22　查看"信号和连接"

任务 6-2-3　创建机器人系统的 I/O 信号

在控制器中创建一个数字输出信号与"SC_Infeeder"的输入信号关联,用来启动输送链上"托盘"和"2 号件_电机"的自动运行;创建一个数字输入信号与"SC_Infeeder"的输出信号关联,用来记录"托盘"和"2 号件_电机"到达输送链末端的信号。

(1)打开"I/O System"。

在"I/O System"中可以创建控制器系统的各种 I/O 信号等，如图 6-2-23 所示。

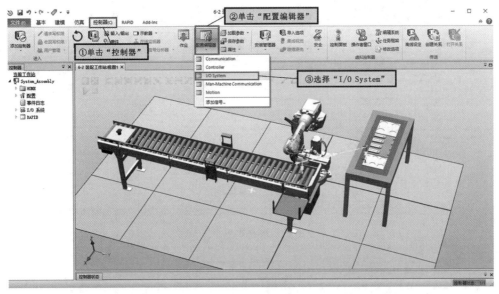

图 6-2-23 单击"I/O System"

（2）创建一个数字输出信号"doStart"。

创建一个数字输出信号"doStart"，与"SC_Infeeder"的输入信号"diStart"关联，创建步骤如图 6-2-24 和图 6-2-25 所示。

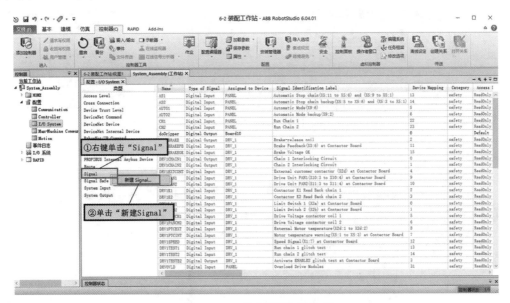

图 6-2-24 单击"新建 Signal"

（3）创建一个数字输入信号"diBoxInEnd"。

创建一个数字输入信号"diBoxInEnd"，与"SC_Infeeder"的输出信号"doBoxInEnd"关联，创建步骤如图 6-2-26 和图 6-2-27 所示。

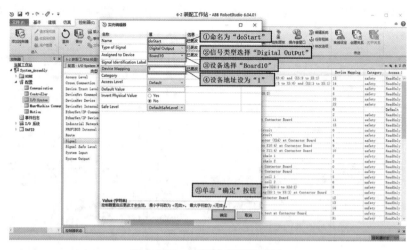

图 6-2-25　设置输出信号属性

图 6-2-26　单击"新建 Signal"

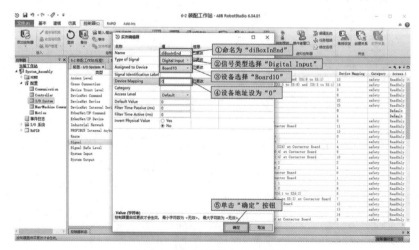

图 6-2-27　设置输入信号属性

（4）重启系统。

"I/O System"里面的信号做了修改后，需要重启系统，修改的信号才能生效。重启系统如图 6-2-28 所示。

图 6-2-28　重启系统

（5）查看新建的输入输出信号。

信号创建完后，在信号列表中可以查看刚创建的信号，如图 6-2-29 所示。

图 6-2-29　查看新建的输入输出信号

任务 6-2-4　设置"工作站逻辑"

设置"工作站逻辑"，主要是建立控制器系统和 Smart 组件之间信号的连接。其中"SC_Gripper"的信号在前面已经建立连接，本任务内容只需要将"SC_Infeeder"的信号与"System_Assembly"的信号连接，如图 6-2-30 和图 6-2-31 所示。

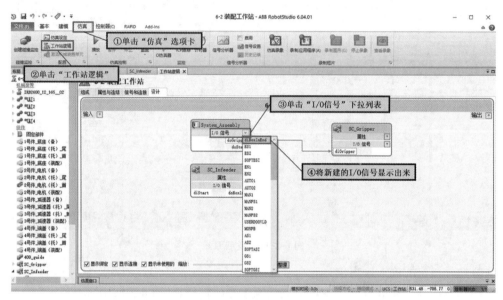

图 6-2-30　设置"工作站逻辑"

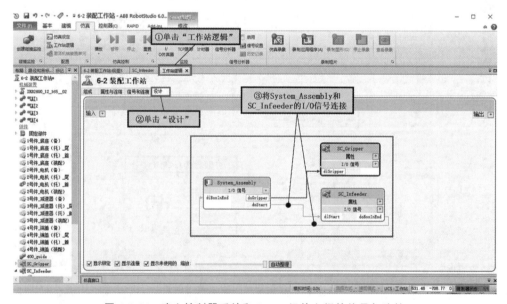

图 6-2-31　建立控制器系统和 Smart 组件之间的信号与连接

任务 6-2-5　在路径中添加逻辑信号

在任务 6-1-3 创建的搬运路径"Path_10"运动指令之间添加逻辑指令,实现输送链上产品自动运行,同时返回一个产品到达输送链末端的信号,即当"doStart＝1"时,"托盘"和"2号件_电机"从输送链起始端开始运动,到输送链末端时"diBoxInEnd＝1"。

(1)添加逻辑指令"SetDO doStart 1"。

在"MoveJ pHome"后面添加逻辑指令"SetDO doStart 1",实现"托盘"和"2 号件_电机"自动运行的动作,如图 6-2-32 和图 6-2-33 所示。

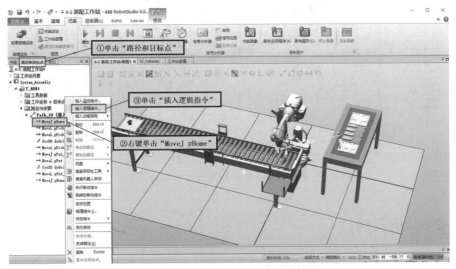

图 6-2-32　单击"插入逻辑指令"

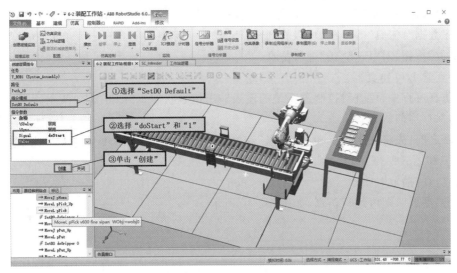

图 6-2-33　设置逻辑指令属性

(2)添加逻辑指令"WaitDI diBoxInEnd 1""SetDO doStart 0""SetDO doGripper 0"。

参考添加逻辑指令"SetDO doStart 1"的方法，在"MoveJ pHome"后面添加逻辑指令"SetDO doStart 0"（两次）、"SetDO doGripper 0""WaitDI diBoxInEnd 1"，实现信号初始化。逻辑指令添加完后路径如图 6-2-34 所示。

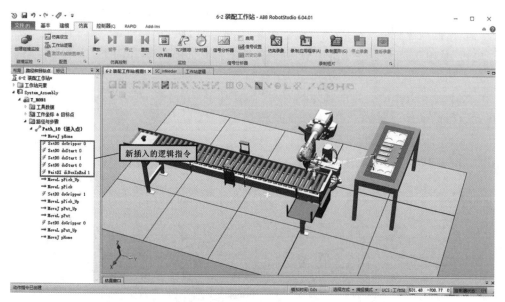

图 6-2-34　查看插入的逻辑指令

任务 6-2-6　仿真运行

（1）将工作站及"Path_10"同步到 RAPID。

将工作站及"Path_10"同步到 RAPID 后，工作站及"Path_10"被添加到控制器系统 RAPID 中，如图 6-2-35 和图 6-2-36 所示。若打开虚拟示教器，在虚拟示教器的"程序编辑器""程序数据""工具"等里面，可以看到"Path_10"、目标点及工具等。可单击"仿真"选项卡中的"播放"按钮，对"Path_10"进行仿真。

（2）查看 I/O 仿真器。

在仿真过程中，可查看控制器系统的输入输出信号状态，如图 6-2-37 所示。

（3）保存当前状态。

仿真之前，先将输送链末端的"托盘"和"2 号件_电机"设为不可见。保存当前状态，如图 6-2-38 和图 6-2-39 所示。

（4）仿真"播放"。

单击"播放"，即可运行仿真，如图 6-2-40 所示。

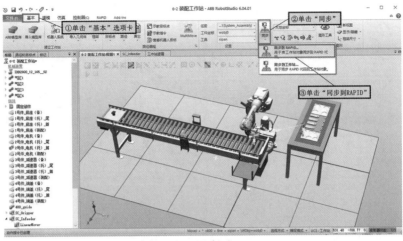

图 6-2-35　同步到 RAPID

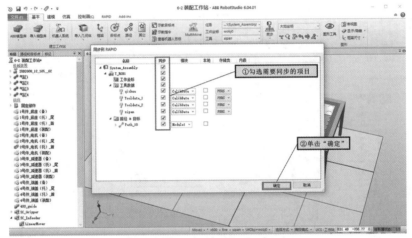

图 6-2-36　选择需要同步的选项

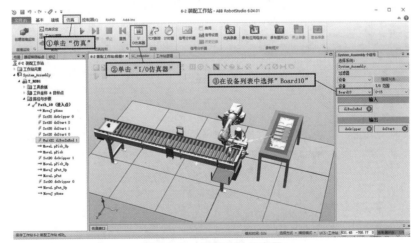

图 6-2-37　查看 I/O 仿真器

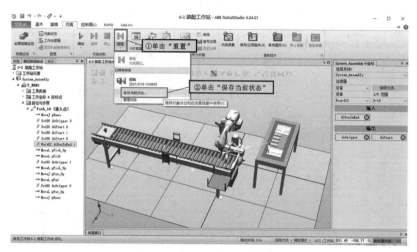

图 6-2-38　单击"保存当前状态"

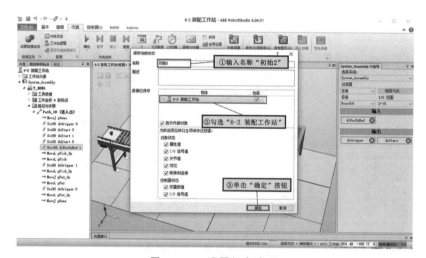

图 6-2-39　设置保存选项

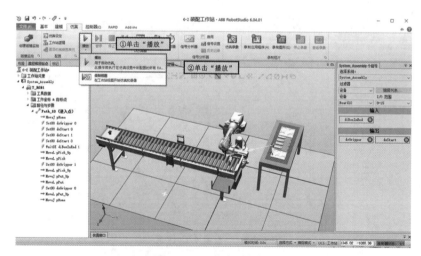

图 6-2-40　单击"播放"

拓展训练

将产线起始端的"1 号件_底座""2 号件_电机""3 号件_减速器""4 号件_端盖"和"托盘"
5 个零件同时随着动态输送链运动到输送链末端。

任务 6-3　创建动态气缸

本任务在"6-3　装配工作站. rspag"基础上完成气缸伸缩动作。在此工作站中,Path_
20 路径实现了 2 号件从备件库搬运到装配位任务。这里的主要任务是创建 Smart 组件,实
现气缸的伸缩动作,模拟 2 号件的二次定位。其他如 1 号件、3 号件和 4 号件搬运和动态气
缸操作方法与 2 号件一样。

任务 6-3-1　打开工作站

打开"6-3　装配工作站. rspag"(扫描此处二维码,可下载"源文件"—"任务 6　源文件"
文件夹里面的"6-3　装配工作站. rspag"文件),此工作站中,"2 号件_电机"从备件库位搬运
到装配位任务已经完成,搬运路径为 Path_20,如图 6-3-1 所示。

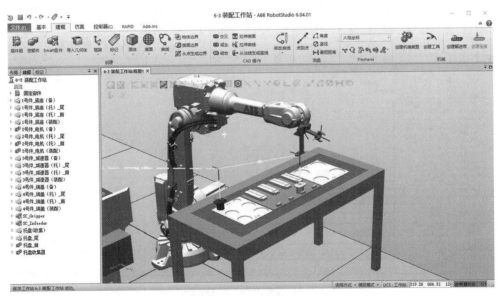

图 6-3-1　装配工作站

任务 6-3-2　创建动态气缸 **Smart** 组件

本任务所创建 Smart 组件的功能是,当数字输入信号为"1"时,气缸推杆伸出,并达到 2
号件位置时,气缸推杆停止伸出;当数字输入信号为"0"时,气缸推杆缩回。

(1)新建 Smart 组件。

新建 Smart 组件,将其重命名为"SC_Qigang2",如图 6-3-2 和图 6-3-3 所示。

图 6-3-2　新建 Smart 组件

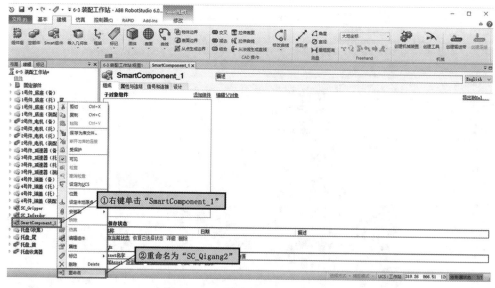

图 6-3-3　重命名为"SC_Qigang2"

(2)将"气缸 2"拖拽到"SC_Qigang2"中。

这里所用的 Smart 组件主要实现"气缸 2"的伸出和缩回动作,将"气缸 2"拖拽到"SC_Qigang2"中,如图 6-3-4 和图 6-3-5 所示。

(3)添加"PoseMover"组件。

创建 2 个"PoseMover"组件,分别到达"气缸 2"机械装置的"缩回"姿态和"伸出"姿态,设置到达两个姿态时间分别为 0.5 s 和 2 s,如图 6-3-6～图 6-3-9 所示。

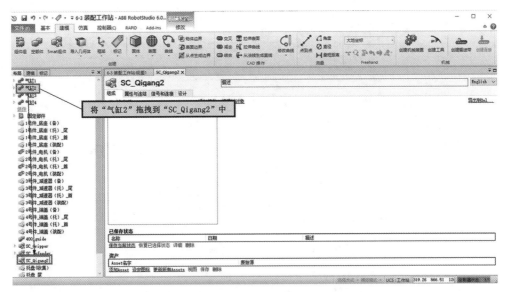

图 6-3-4　将"气缸 2"拖拽到"SC_Qigang2"中

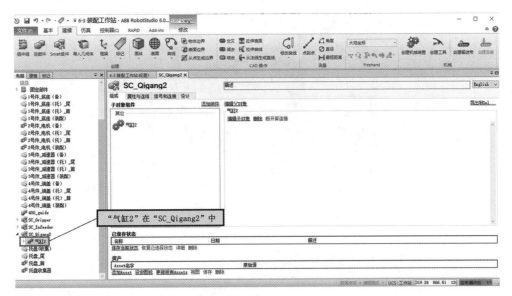

图 6-3-5　查看"气缸 2"在"SC_Qigang2"中

（4）添加"LogicGate（NOT）"组件。

"LogicGate（NOT）"取反逻辑运算，将输出信号与输入信号相反，如图 6-3-10 所示。

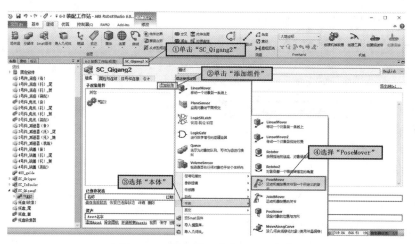

图 6-3-6　添加第一个"PoseMover"

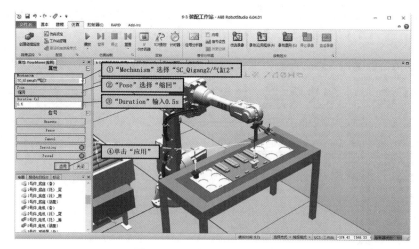

图 6-3-7　设置 PoseMover 参数

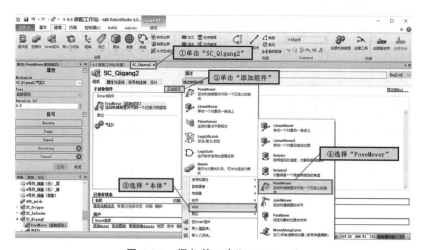

图 6-3-8　添加第二个"PoseMover"

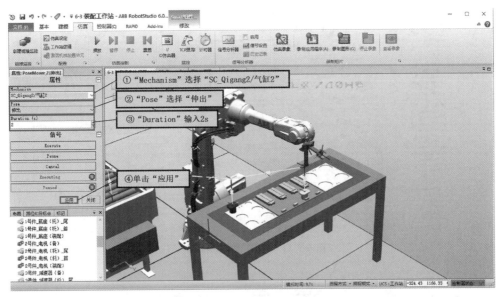

图 6-3-9　设置 PoseMover 参数

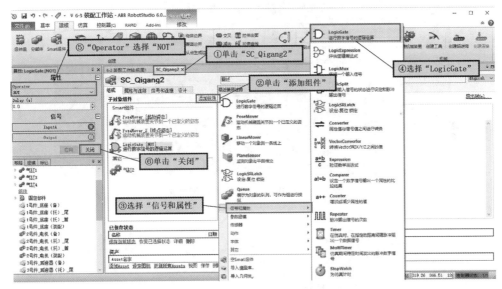

图 6-3-10　添加"LogicGate（NOT）"

（5）添加"PlaneSensor"组件。

"PlaneSensor"用来检测 PoseMover 是否停止运动，当"PlaneSensor"接触到装配位上的部件时，PoseMover 运动停止，如图 6-3-11～图 6-3-14 所示。

（6）将"PlaneSensor"安装到"气缸 2"。

"PlaneSensor"要跟"气缸 2"一起运动，需要将"PlaneSensor"安装到"气缸 2"上，如图 6-3-15 和图 6-3-16 所示。

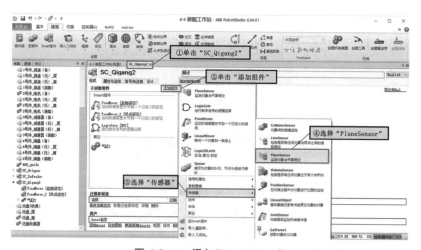

图 6-3-11　添加"PlaneSensor"

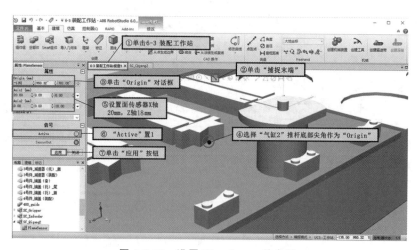

图 6-3-12　设置 PlaneSensor 的参数

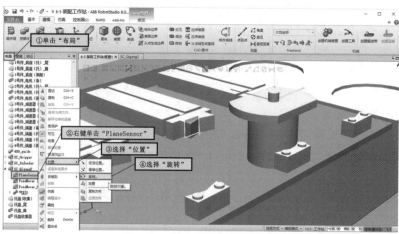

图 6-3-13　旋转"PlaneSensor"

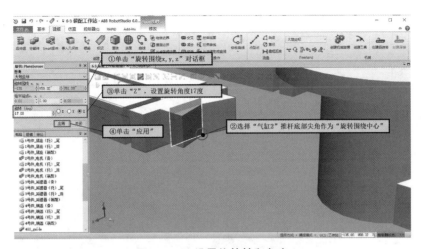

图 6-3-14　设置旋转轴和角度

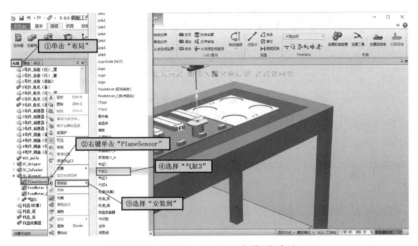

图 6-3-15　将 PlaneSensor 安装到"气缸 2"

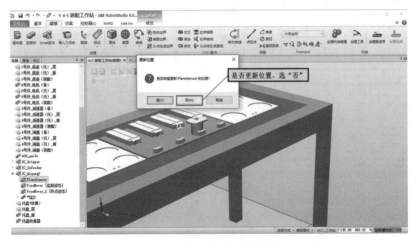

图 6-3-16　是否更新位置,选"否"

(7)将"气缸2"取消"可由传感器检测"。

"PlaneSensor"要检测的对象是装配线上的1、2、3、4号件,周边设备应取消"可由传感器检测",如图6-3-17所示。

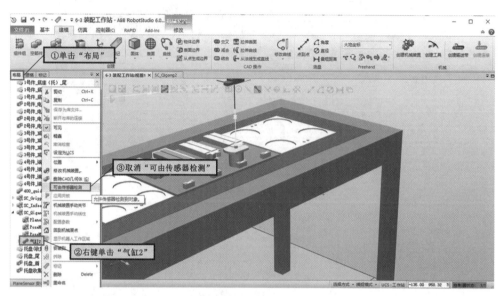

图6-3-17　将"气缸2"取消"可由传感器检测"

(8)添加I/O信号并建立I/O连接。

添加一个数字输入信号"diQigang2",当"diQigang2＝1"时,气缸推杆伸出,即到达"伸出"姿态;当"diQigang2＝0"时,气缸推杆缩回,即到达"缩回"姿态,如图6-3-18和图6-3-19所示。

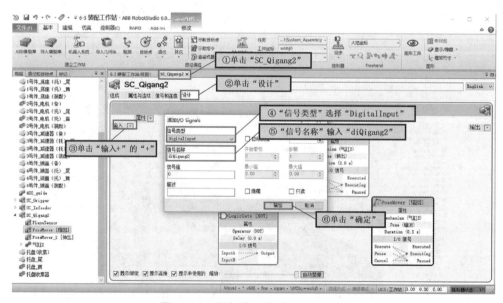

图6-3-18　添加输入信号"diQigang2"

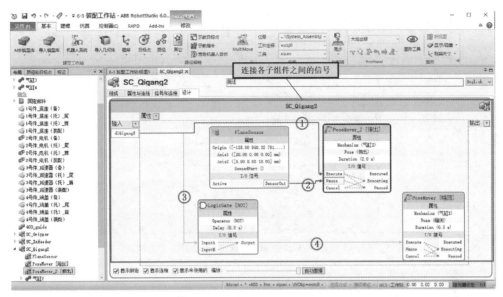

图 6-3-19   连接各子组件之间的信号

（9）创建机器人系统 I/O 信号。

添加一个数字输出信号"doQigang2"，通过"工作站逻辑"，将"doQigang2"和"SC_Qigang2"的"diQigang2"连接，如图 6-3-20～图 6-3-22 所示。

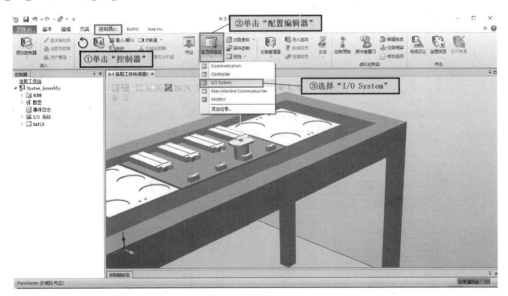

图 6-3-20   选择"I/O System"

（10）重启控制器系统。

添加 I/O 信号后，需要重启控制器系统，I/O 信号才能生效，如图 6-3-23 所示。

图 6-3-21　单击"新建 Signal"

图 6-3-22　设置"doQigang2"的参数

图 6-3-23　重启控制器系统

（11）设置"工作站逻辑"。

将"doQigang2"和"SC_Qigang2"的"diQigang2"连接，如图 6-3-24 和图 6-3-25 所示。

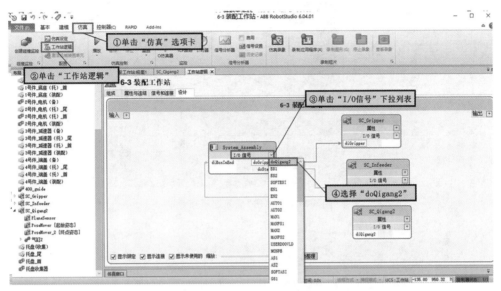

图 6-3-24　设置工作站逻辑

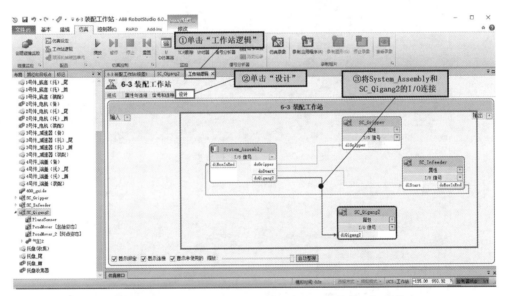

图 6-3-25　建立 System_Assembly 和 SC_Qigang2 的 I/O 连接

（12）插入逻辑指令。

Smart 组件创建完成后，将"气缸 2"的伸缩动作放在机器人将 2 号件搬运到装配位后，即在"MoveL pZhuangpei_Up"后面连续三次插入逻辑指令，分别是 SetDO doQigang2 1，WaitTime 3，SetDO doQigang2 0，如图 6-3-26～图 6-3-30 所示。

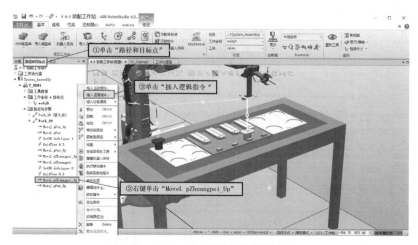

图 6-3-26　单击"插入逻辑指令"

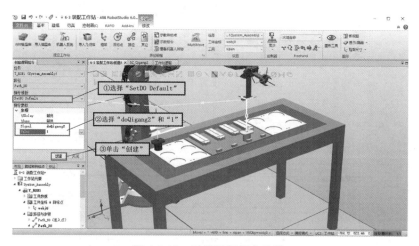

图 6-3-27　设置逻辑指令参数

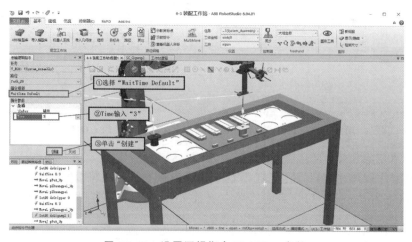

图 6-3-28　设置逻辑指令 WaitTime 参数

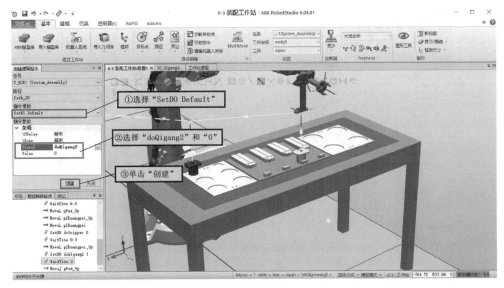

图 6-3-29　设置逻辑指令 doQigang2＝0

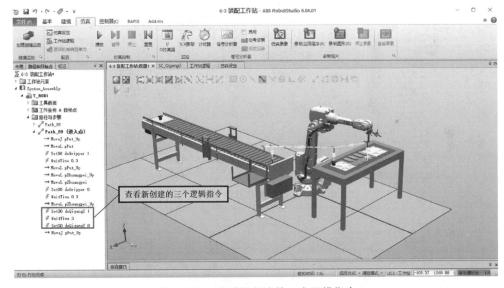

图 6-3-30　查看新创建的三个逻辑指令

(13)将工作站和路径同步到 RAPID。

路径添加完成后，在进行仿真运行之前，需要将工作站和路径同步到 RAPID，如图 6-3-31 和图 6-3-32 所示。

(14)仿真设定。

仿真设定主要是选择需要仿真的路径，一次只能仿真一条路径，若需要仿真多条路径，可以使用"调用过程程序"，按照调用程序顺序完成多条路径的仿真，如图 6-3-33 所示。

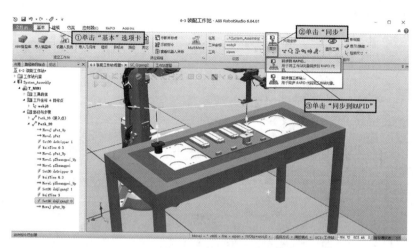

图 6-3-31　同步到 RAPID

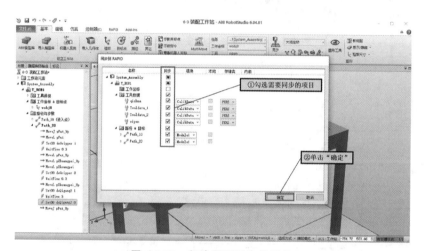

图 6-3-32　勾选需要同步的项目

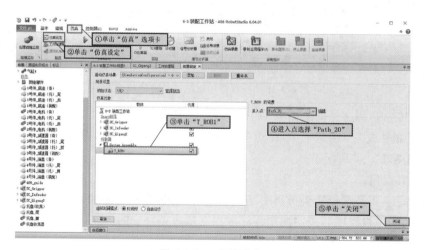

图 6-3-33　仿真设定

（15）隐藏"2 号件_电机（装配）"。

仿真运行之前，将装配位的 2 号件隐藏，如图 6-3-34 所示。

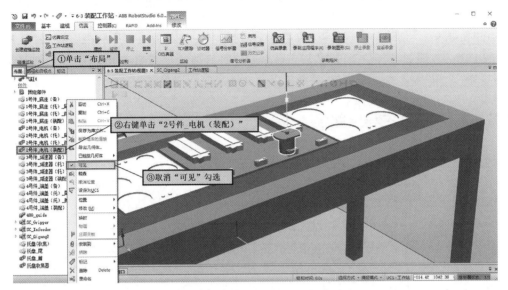

图 **6-3-34**　隐藏"**2** 号件_电机（装配）"

（16）仿真播放。

仿真运行之前，可以将工作站保存。单击"播放"，可运行仿真，如图 6-3-35 所示。

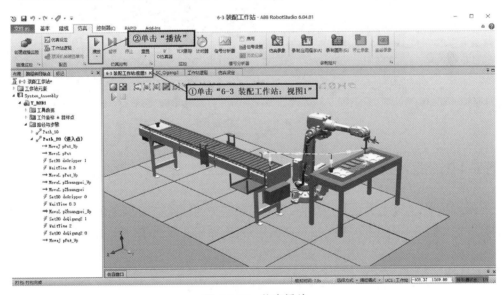

图 **6-3-35**　仿真播放

拓展训练

创建 4 个动态气缸。

任务 6-4　创建整条产线和装配线完整路径

在"任务 6-3　创建动态气缸"完成基础上,创建 Path_30 为主程序路径,通过调用 Path_10 和 Path_20 路径,完成"工件"从输送链起始位置自动运行到输送链末端,然后通过机器人将末端"工件"搬运到备件库位、装配位以及气缸定位的完整过程。

任务 6-4-1　创建主程序路径

创建"空路径",如图 6-4-1 所示。

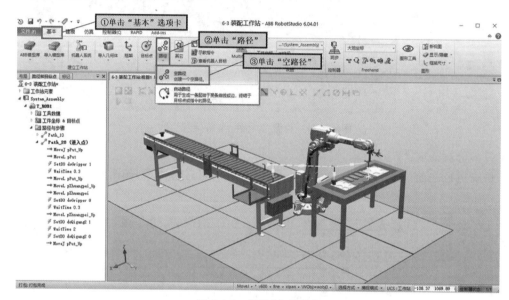

图 6-4-1　新建"空路径"

任务 6-4-2　插入逻辑指令

在本路径中,主要是调用其他路径,完成多条路径的顺序运行,在程序最开始,需要对所有的数字输出信号进行复位,然后按顺序调用路径,如图 6-4-2～图 6-4-6 所示。

任务 6-4-3　仿真运行

(1)同步。

路径添加完成后,在仿真运行之前,将工作站和路径程序同步到控制器系统,如图 6-4-7 和图 6-4-8 所示。

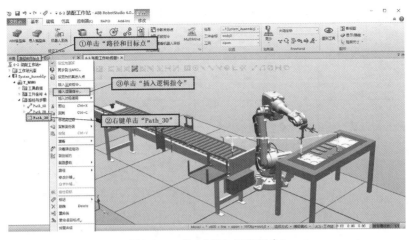

图 6-4-2　单击"插入逻辑指令"

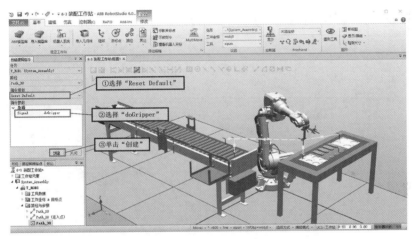

图 6-4-3　创建 **Reset doGripper**

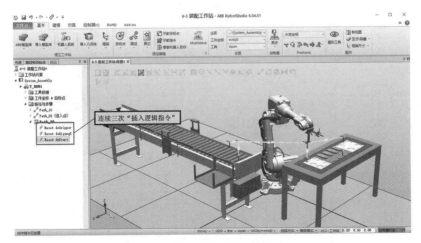

图 6-4-4　连续三次"插入逻辑指令"

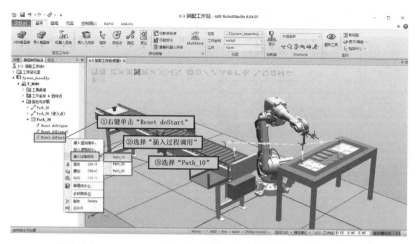

图 6-4-5　在"Reset doStart"指令后面"插入过程调用"Path_10

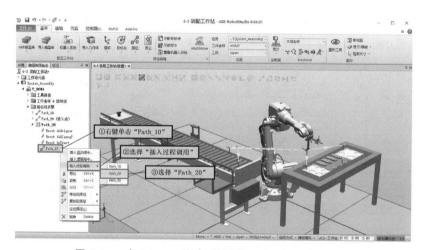

图 6-4-6　在 Path_10 指令后面"插入过程调用"Path_20

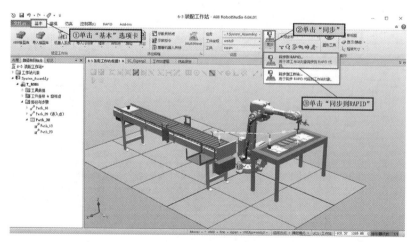

图 6-4-7　同步到 RAPID

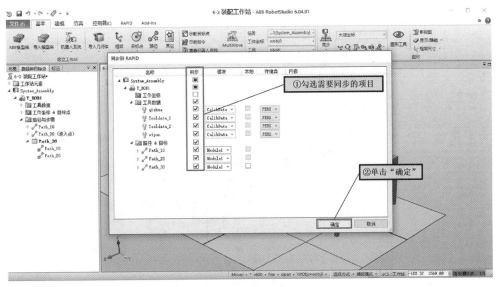

图 6-4-8　勾选需要同步的项目

（2）仿真设定。

选择仿真运行路径为 Path_30，如图 6-4-9 所示。

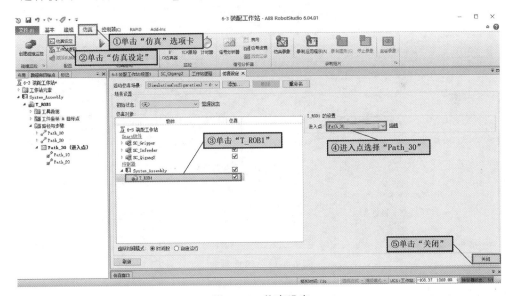

图 6-4-9　仿真设定

（3）隐藏"2 号件_电机（备）"。

仿真运行之前，将备件库、装配位、产线末端的 2 号件全部隐藏，只留下输送链起始位的工件，如图 6-4-10 所示。

（4）仿真播放。

仿真播放之前，可以将工作站保存。单击"播放"，运行仿真，如图 6-4-11 所示。

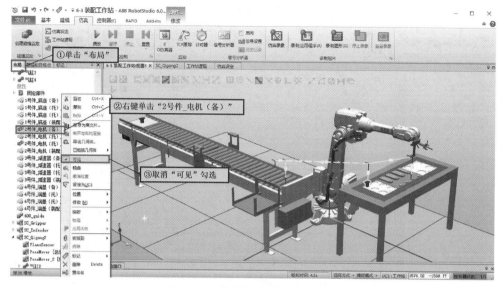

图 6-4-10　隐藏"2 号件_电机（备）"

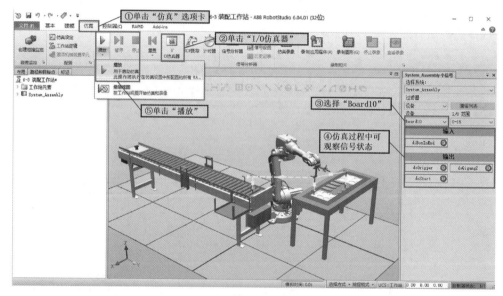

图 6-4-11　仿真播放

拓展训练

打开"6-4　装配工作站.rsstn"（扫描此处二维码,可下载"源文件"—"任务6　源文件"文件夹里面的"6-4装配工作站.rsstn"文件）,工作站如图 6-4-12 所示。参考"任务 6-1　创建动态工具"和"任务 6-2　创建动态输送链"的操作步骤,实现以下任务:

(1)"1 号件_底座""2 号件_电机""3 号件_减速器"和"4 号件_端盖""托盘"5 个零件从输送链起始端自动运行到输送链末端。

(2)机器人用"qizhua"工具,将"1 号件_底座"搬运到装配线的成品库位。

（3）机器人用"xipan"工具,将"2 号件_电机""3 号件_减速器"和"4 号件_端盖"分别搬运到装配线的备件库位。

（4）机器人用"xipan"工具,将"托盘"搬运到托盘收集器中。

（5）机器人将成品库位和备件库位的 4 个零件,分别搬运到装配位对应位置。

注意：

（1）在"SC_Gripper"中,需要创建"xipan"和"qizhua"两个工具的安装和拆除动作。

（2）在切换"qizhua"和"xipan"工具时,最好设置换工具安全点。

（3）创建"SC_Infeeder"时,在输送链起始端检测 5 个对象时,特别是托盘上的 4 个零件,可以用"VolumeSensor"来实现。

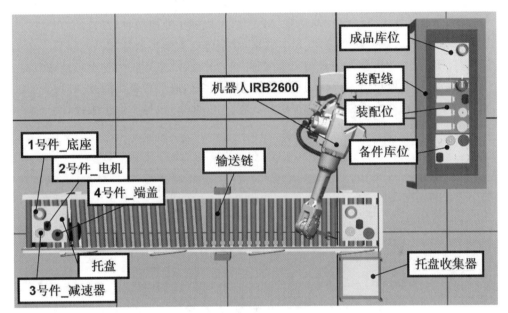

图 6-4-12　托盘上有 4 个零件工作站

参考文献

[1] 宋云艳. 工业机器人离线编程与仿真[M]. 北京:机械工业出版社,2017.

[2] 于玲. 工业机器人虚拟仿真技术[M]. 北京:北京邮电大学出版社,2019.

[3] 朱林,吴海波. 工业机器人仿真与离线编程[M]. 北京:北京理工大学出版社,2017.

[4] 朱洪雷,代慧. 工业机器人离线编程(ABB)[M]. 北京:高等教育出版社,2018.

[5] 叶晖,等. 工业机器人工程应用虚拟仿真教程[M]. 北京:机械工业出版社,2014.